甜樱桃温室丰产树形

大棚甜樱桃丰产园

早红宝石结果状

5-106 品种结果状

意大利早红结果状

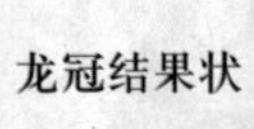

龙冠结果状

8-129 品种的果实

早大果结果状

抉择结果状

红灯结果状

大紫结果状

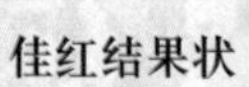

佳红结果状

红艳结果状

芝罘红结果状

拉宾斯结果状

先锋结果状

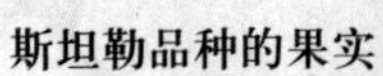

斯坦勒品种的果实

红蜜结果状

美早结果状

宾库结果状

萨米脱结果状

红丰结果状

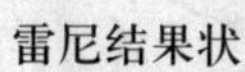

雷尼结果状

巨红结果状

8-102品种结果状

艳阳结果状

那翁结果状

毛把酸结果状

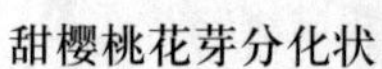

甜樱桃花芽分化状

甜樱桃树坑灌状

甜樱桃树修剪前状态

甜樱桃树修剪后状态

甜樱桃二次开花状

细菌性穿孔病症状

褐斑病症状

流胶病症状

根瘤病症状

煤污病症状

褐腐病症状

灰霉病症状

叶斑病症状

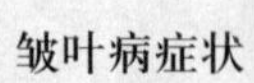

皱叶病症状

甜樱桃树被冻害状

甜樱桃树枝被除草剂药害状

甜樱桃树被盐碱危害状

甜樱桃果实鸟害状

甜樱桃被激素药害状

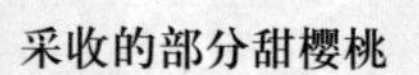

采收的部分甜樱桃

箱装甜樱桃

农作物种植技术管理丛书

怎样提高甜樱桃栽培效益

主　编
韩凤珠　李喜森

编著者
韩凤珠　李喜森　赵　岩　王家民
张琪静　于克辉　张桂玲　曲静艳

绘　图
韩剑峰　韩　松

金盾出版社

内 容 提 要

本书由辽宁省农业科学院果树研究所韩凤珠、李喜森研究员主编。书中在介绍了甜樱桃栽培效益的重要性，及其提高栽培效益的努力方向的基础上，着重从品种选择、定址建园、土肥水管理、整形修剪、花果管理、病虫害防治、采贮处理和保护地栽培等方面，指出所存在的误区，以及相应地走出误区，科学操作，提高效益的方法。对甜樱桃的营销，也提出了有益的灼见。全书内容系统，技术先进，经验实用，通俗易懂，可操作性强，适合广大果农、园艺技术人员学习使用，也可供农林院校有关专业师生阅读参考。

图书在版编目(CIP)数据

怎样提高甜樱桃栽培效益/韩凤珠，李喜森主编；赵岩等编著．—北京：金盾出版社，2006.12
(农作物种植技术管理丛书)
ISBN 978-7-5082-4276-7

Ⅰ．怎…　Ⅱ．①韩…②李…③赵…　Ⅲ．甜樱桃-果树园艺　Ⅳ．S662.5

中国版本图书馆 CIP 数据核字(2006)第 107420 号

金盾出版社出版、总发行

北京太平路 5 号(地铁万寿路站往南)
邮政编码：100036　电话：68214039　83219215
传真：68276683　网址：www.jdcbs.cn
彩色印刷：北京精彩雅恒印刷有限公司
黑白印刷：京南印刷厂
装订：桃园装订厂
各地新华书店经销
开本：787×1092 1/32　印张：7　彩页：16　字数：144 千字
2009 年 6 月第 1 版第 3 次印刷
印数：21001—36000 册　定价：11.00 元

前　言

收益丰厚的甜樱桃栽培，已成为甜樱桃优势主产区农村的一种高效种植业和农民增收致富的有效途径。目前，甜樱桃栽培正呈现出稳健发展的良好态势。编著《怎样提高甜樱桃栽培效益》一书，旨在为甜樱桃栽培的持续发展，提供技术支持，为推进社会主义新农村建设贡献绵薄之力。

为了使该书在生产中产生应有的功效，编写人员着眼全国甜樱桃生产实际，面对从事甜樱桃栽培的广大果农，从深入调查研究入手，尽量了解甜樱桃栽培中的认识误区和存在的实际问题。通过博览同类书刊资料，广泛收集相关信息，引用国内外先进技术，融入编著者多年的试验研究成果和管理实践经验，进行系统归纳，分析整理，从选址建园，品种、砧木选择，土肥水管理，整形修剪，花果管理，病虫害防治，果实采收，采后增值处理，设施栽培的特殊管理技术，以及开拓市场等多个方面，有的放矢地提出和解决问题，指明提高甜樱桃生产水平和经济效益的主要环节、技术、方法和措施。以求使本书具有较强的针对性、创新性、普及性、实用性和实效性，在提升我国甜樱桃总体生产水平上，发挥一定的作用。

由于我们编写人员水平有限等原因，书中不妥之处在所难免，诚望读者见谅。亦敬请果树界同仁和广大读者批评指正。

编 著 者

2006 年 11 月

目　录

第一章　栽培效益问题至关重要……………………（1）
一、提高甜樱桃栽培效益的含意及其重要性 …………（1）
二、目前甜樱桃生产效益的基本情况 …………………（2）
1. 基本成绩 ………………………………………（2）
2. 存在的主要问题 ………………………………（3）
3. 提高生产效益的努力方向 ……………………（5）
第二章　优良品种的选择……………………………（6）
一、认识误区和存在问题 ……………………………（6）
1. 对品种的重要作用缺乏认识 …………………（6）
2. 盲目追新，盲目发展 …………………………（6）
3. 只注重品种的经济性状，不注意品种的适应性 ……………………………………………（7）
4. 选择品种时缺乏对市场需求变化的预测 ………（7）
5. 不能正确识别不同种类的樱桃 ………………（7）
6. 不分地区片面强调发展早熟品种 ……………（8）
二、选择优良品种的原则 ……………………………（8）
1. 适地适栽 ………………………………………（8）
2. 综合栽培性状优良 ……………………………（10）
3. 果实商品价值高 ………………………………（10）
4. 市场空间大 ……………………………………（10）
5. 品种结构优化 …………………………………（11）
三、适宜栽植的优良品种………………………………（12）
1. 早熟品种 ………………………………………（12）
(1)早红宝石 …（12）　　(2)5-106 ……（12）

(3)意大利早红 …………… (12)
(4)龙冠 ……… (12)
(5)8-129 …… (13)
(6)早大果 ……………… (13)
(7)抉择 ………………… (13)
(8)红灯 ………………… (13)
(9)大紫 ………………… (13)
2. 中熟品种 ……………………………………………… (14)
(1)佳红 ……… (14)
(2)红艳 ……… (14)
(3)芝罘红 …… (14)
(4)拉宾斯 …… (14)
(5)先锋 ……… (15)
(6)斯坦勒 …… (15)
(7)红蜜 ………………… (15)
(8)美早 ………………… (15)
(9)宾库 ………………… (15)
(10)萨米脱……………… (16)
(11)红丰……………… (16)
3. 晚熟品种 ……………………………………………… (16)
(1)雷尼 ……… (16)
(2)巨红 ……… (16)
(3)8-102 …… (16)
(4)艳阳 ………………… (17)
(5)晚大紫 ……………… (17)
4. 鲜食与加工兼用品种 ………………………………… (17)
(1)大紫 ……… (17)
(2)海波绕斯 … (17)
(3)司力姆 …… (17)
(4)甜安 ………………… (18)
(5)兰伯特 ……………… (18)
(6)那翁 ………………… (18)
5. 加工品种 ……………………………………………… (18)
玻璃灯 …………………………………………………… (18)
6. 保护地适栽品种 ……………………………………… (18)
四、适时进行品种更新………………………………………… (19)
1. 果园及树体条件 ……………………………………… (19)
2. 高接方法及时间 ……………………………………… (19)
3. 高接需要注意的问题 ………………………………… (22)
4. 接后管理 ……………………………………………… (23)

第三章　园址选择与建园 …………………………（24）
一、认识误区和存在问题…………………………（24）
1. 园址选择方面的误区和问题 ………………（24）
2. 建园方面的误区和问题 ……………………（25）
二、正确选择园址…………………………………（27）
1. 气候条件 ……………………………………（27）
2. 地势与土壤条件 ……………………………（29）
3. 周围环境条件 ………………………………（30）
4. 交通经济条件 ………………………………（30）
三、搞好园地整体规划……………………………（30）
1. 小区规划 ……………………………………（30）
2. 道路规划 ……………………………………（31）
3. 防护林规划 …………………………………（32）
4. 排灌系统规划 ………………………………（32）
5. 辅助设施规划 ………………………………（33）
四、科学建园………………………………………（33）
1. 园地基本工程建设 …………………………（33）
2. 高标准、高水平建园 ………………………（35）
第四章　土肥水管理 ……………………………（43）
一、土壤管理………………………………………（43）
1. 认识误区和存在问题 ………………………（43）
2. 提高土壤管理效益的方法 …………………（44）
二、施肥管理………………………………………（49）
1. 认识误区和存在问题 ………………………（49）
2. 提高施肥效益的方法 ………………………（52）
三、水分管理………………………………………（62）
1. 认识误区和存在问题 ………………………（62）

2. 提高水分管理效益的方法 ………………………… (63)
第五章　整形修剪 ………………………………………… (68)
一、认识误区和存在问题…………………………………… (68)
1. 对甜樱桃与整形修剪有关的特性了解不够 …… (68)
2. 对主要树形的优缺点缺乏了解 ………………… (69)
3. 不能根据品种和树龄的特点采取不同的整形修剪措施 ……………………………………………… (70)
4. 重视休眠期(冬季)修剪,轻视生长期(夏季)修剪 …………………………………………………… (70)
5. 对各种修剪技术不能综合运用 ………………… (71)
6. 有些生长调控技术应用不当 …………………… (71)
二、提高整形修剪效益的方法…………………………… (71)
1. 整形修剪的基本原则 …………………………… (71)
2. 根据甜樱桃生物学特性采取相应的整形修剪措施 …………………………………………………… (72)
3. 选择适宜树形 …………………………………… (73)
4. 灵活运用修剪技术 ……………………………… (76)
5. 对不同龄期树采取不同的修剪措施 …………… (84)
6. 放任树的整形修剪 ……………………………… (90)
第六章　花果管理 ………………………………………… (91)
一、认识误区和存在问题 ……………………………… (91)
1. 对花芽分化时期认识不准确 …………………… (91)
2. 品种选择和配置不当 …………………………… (91)
3. 不进行辅助授粉 ………………………………… (91)
4. 不进行疏花疏果 ………………………………… (92)
5. 生长期修剪不当 ………………………………… (92)
6. 花后过早过量灌水 ……………………………… (92)

7. 滥用激素类药剂 ……………………………… (92)
8. 发生肥害 ……………………………………… (93)
二、提高花果管理效益的方法……………………… (93)
1. 正确把握花芽分化时间,及时供肥供水 ……… (93)
2. 及时适量疏除花芽和花蕾 ……………………… (93)
3. 合理配置授粉树 ………………………………… (94)
4. 搞好辅助授粉 …………………………………… (94)
5. 合理疏果 ………………………………………… (96)
6. 采取提高坐果率的辅助措施 …………………… (96)
7. 不要滥用药剂 …………………………………… (97)
8. 促进果实着色,防止和减轻裂果 ……………… (97)
第七章 病虫害防治和自然灾害防御……………… (101)
一、认识误区和存在问题 ………………………… (101)
1. 无公害生产意识淡薄 ………………………… (101)
2. 没有采取综合措施防治病虫害 ……………… (101)
3. 药剂使用不正确 ……………………………… (101)
4. 忽视采后病虫害防治 ………………………… (102)
5. 果实有农药残留 ……………………………… (102)
6. 忽视预测预报的作用 ………………………… (102)
7. 没有防御自然灾害的措施 …………………… (102)
二、提高病虫害防治效益的方法 ………………… (103)
1. 防治的基本原则 ……………………………… (103)
2. 抓好主要环节,科学用药 ……………………… (103)
3. 使用无公害药剂 ……………………………… (105)
4. 实行综合防治 ………………………………… (105)
三、主要病害的防治 ……………………………… (108)
1. 细菌性穿孔病 ………………………………… (108)

2. 褐斑病 ………………………………………… (108)
3. 流胶病 ………………………………………… (109)
4. 根瘤病 ………………………………………… (109)
5. 煤污病 ………………………………………… (110)
6. 褐腐病 ………………………………………… (110)
7. 灰霉病 ………………………………………… (111)
8. 叶斑病 ………………………………………… (111)
9. 皱叶病 ………………………………………… (112)
10. 立枯病 ………………………………………… (112)
四、主要害虫的防治 ………………………………… (113)
1. 叶螨 ……………………………………………… (113)
2. 桑白蚧 ………………………………………… (114)
3. 卷叶蛾 ………………………………………… (116)
4. 绿盲蝽 ………………………………………… (116)
5. 黄尾毒蛾 ……………………………………… (118)
6. 梨小食心虫 …………………………………… (119)
7. 潜叶蛾 ………………………………………… (121)
8. 黑星麦蛾 ……………………………………… (122)
9. 美国白蛾 ……………………………………… (123)
10. 尺蠖 …………………………………………… (124)
11. 天幕毛虫 ……………………………………… (125)
12. 舟形毛虫 ……………………………………… (127)
13. 舞毒蛾 ………………………………………… (128)
14. 红颈天牛 ……………………………………… (130)
15. 刺蛾类害虫 …………………………………… (131)
16. 青叶蝉 ………………………………………… (133)
17. 金龟子类害虫 ………………………………… (134)

18. 象甲类害虫 …………………………………………… (136)
19. 蛴螬类害虫 …………………………………………… (137)
五、缺素症的防治 ……………………………………………… (138)
1. 缺镁 ……………………………………………………… (138)
2. 缺硼 ……………………………………………………… (138)
3. 缺铁 ……………………………………………………… (139)
六、提高防御自然灾害及其他灾害效益的方法 …… (139)
1. 风害 ……………………………………………………… (139)
2. 涝害 ……………………………………………………… (140)
3. 晚霜害 …………………………………………………… (140)
4. 抽条与冻害 ……………………………………………… (141)
5. 鸟兽害 …………………………………………………… (142)
6. 除草剂危害 ……………………………………………… (142)
7. 盐碱危害 ………………………………………………… (143)
第八章 采收、处理和贮藏 …………………………… (144)
一、认识误区和存在问题 ………………………………… (144)
1. 采收不适时 ……………………………………………… (144)
2. 采收作业粗放 …………………………………………… (145)
3. 缺乏统一的分级标准 …………………………………… (145)
4. 忽视果实分级 …………………………………………… (145)
5. 包装粗糙 ………………………………………………… (145)
6. 运输方法不当 …………………………………………… (146)
7. 贮藏时间过长 …………………………………………… (146)
二、提高采收与采后效益的方法 ………………………… (146)
1. 适时采收 ………………………………………………… (146)
2. 精心采收 ………………………………………………… (147)
3. 细心分级 ………………………………………………… (147)

4. 精美包装 …………………………………… (148)
5. 科学运输 …………………………………… (149)
6. 采用多种技术贮藏保鲜 ……………………… (149)
第九章　甜樱桃保护地栽培……………………… (151)
一、认识误区和存在问题 ……………………… (151)
1. 设施建设方面的误区与问题 ………………… (151)
2. 品种选择方面的误区与问题 ………………… (152)
3. 温湿度调控方面的误区与问题 ……………… (152)
4. 其他管理方面的误区与问题 ………………… (153)
二、提高保护地生产效益的方法 ……………… (154)
1. 科学建造保护设施 ………………………… (154)
2. 科学配备附属设施及材料 ………………… (159)
3. 覆盖材料的连接及覆盖方法 ……………… (162)
4. 正确选择品种和砧木 ……………………… (163)
5. 采用适宜的栽植密度 ……………………… (164)
6. 加强综合管理,创造良好生态条件 ………… (165)
7. 移栽大树,早见效益 ………………………… (174)
8. 有效防止隔年结果和落花落果 …………… (174)
9. 采取有效措施防御特殊灾害 ……………… (182)
第十章　产品营销………………………………… (189)
一、建立合作组织,创造规模效应……………… (189)
二、建立营销队伍,发挥经纪人作用…………… (190)
三、收集供求信息,搞好市场调研……………… (191)
四、加大宣传力度,展示自我优势……………… (192)
五、开展合作协作,拓宽销售渠道……………… (192)
六、打造品牌,争创名牌………………………… (193)
主要参考文献……………………………………… (195)

第一章　栽培效益问题至关重要

一、提高甜樱桃栽培效益的含意及其重要性

甜樱桃栽培和其他果树生产一样，其最根本的目的在于生产出更多适于市场需求的优质果品，通过流通渠道转化成商品，从而获得一定的经济收益，这种经济收益就是甜樱桃生产的经济效益。通俗地说，经济效益就是生产者在付出一定的投入后，在经济上所得到的回报。通常人们把效益分成两种，一种是总产值，即毛收入；一种是除去各种支出后的净所得，即纯经济效益（纯收入）。纯经济效益能够更好地反映出生产管理水平，最具有实际意义，是生产经营致力追求的目标。

效益是生产上第一位的重要问题。没有效益的生产不能持续，低效益的生产，只能在低水平上徘徊，在市场竞争日趋激烈的形势下将难以立足。

甜樱桃生产较高的经济效益，有利于调动适宜地区的农民发展甜樱桃生产的积极性，栽植规模适度扩大，总体生产水平不断提升，把甜樱桃生产办成农业生产的一种高效产业，使我国甜樱桃生产得到可持续发展。

生产的高效益，使果农持续稳定增收有了可靠的基础，农民致富、农村市场购买力的增强，能够有力地带动相关产业的发展，对推动区域经济的繁荣，促进农村经济发展，加快全面

建设小康社会，将发挥积极的作用。

二、目前甜樱桃生产效益的基本情况

1. 基本成绩

随着社会的发展和科技的进步，特别是果树科学技术的普及与提高，我国甜樱桃生产效益的水平在不断提升，取得了较大的成绩。

(1)总体效益得到提高

设施栽培技术的推广应用，突破了甜樱桃因对气候条件适应性较差而使其栽培受到地域的局限，使它的栽植地域、生产规模不断扩大。据我国甜樱桃生产省、市、自治区有关数字的汇总，我国已有甜樱桃栽培面积约4.667万公顷。如果去掉栽后已不存在的面积，全国甜樱桃面积应该有3.333万～3.667万公顷。仅山东省烟台市2004年统计，该市已有甜樱桃栽培园1.507万公顷，产量为6.3万吨。从全国各地市场售价看出，露地栽培的甜樱桃市场售价平均每千克约12～30元，保护地甜樱桃市场售价平均每千克约40～50元。随着栽培技术的进步，栽培面积的增加，使甜樱桃的总体效益得到提高。

(2)单位面积的收益水平逐年上升

由于以优新品种和丰产栽培为代表的先进适用技术的推广应用，我国甜樱桃的单位面积产量在逐年上升，据对辽宁省大连、山东省烟台部分果园调查，目前管理水平较高的甜樱桃园，每公顷产量在5～9吨，已达到或超过了20世纪末到21世纪初的世界平均水平。

(3)果品商品价值不断提升

保护地栽培技术的推广应用,不但扩大了甜樱桃的栽培区域,而且使甜樱桃果实的供应期大大提前,其中人工强制休眠栽培技术,使甜樱桃果实的供应期比露地栽培甜樱桃果实的供应期,提早120天左右;日光温室栽培,使甜樱桃果实比露地栽培的提早90天左右;塑料大棚栽培,使甜樱桃果实比露地的提早50天左右。提早上市的甜樱桃商品价值大增,其增幅可达到几倍至十几倍。

贮藏保鲜技术的成功应用,使鲜果供市期延长到70～90天,延迟上市的甜樱桃使樱桃鲜果淡季缩短,售价得到大幅度提高。这些技术的应用,使甜樱桃的生产在面积、产量不增的情况下,经济效益不断提高。

(4)甜樱桃生产成为适宜优势产区的高效种植业

据了解,烟台和大连等地区,甜樱桃园一般每667平方米产量在300～600千克,露地中、晚熟优良樱桃品种的果实供市期的售价,每千克平均不低于20元。保护地樱桃果实因供市期不同,每千克售价为40～200元,每667平方米产值为7 200～90 000元,高于苹果、梨和桃等其他果树的产值。同时,甜樱桃生产投入较少,这就使甜樱桃生产能得到一般果树难以达到的高效益。目前,甜樱桃生产已成为大连和烟台等适宜优势产区的高效种植产业。

2. 存在的主要问题

在看到我国甜樱桃生产效益不断提高的同时,也要清醒认识到还存在一些问题。

(1)甜樱桃生产的总体经济效益还不够高

与世界先进国家和地区相比较,我国甜樱桃的生产效益还不够高。2002年，我国30 000公顷甜樱桃，其中收获面积只有3 500公顷，产量为1.3万吨，收获面积每公顷产量为3.7吨，明显低于世界每公顷5吨的平均产量水平，比美国（每公顷平均8.5吨）等发达国家有很大差距，可见我国甜樱桃生产的总体经济效益还很低。

（2）效益不平衡现象突出

我国不同地区、不同经营者的甜樱桃园，收入差别很大，效益不平衡现象较为突出。每667平方米产300～400千克是目前甜樱桃生产的普遍现象。各地虽然也出现一些667平方米产量在1 000千克以上的果园，但所占比例很小。还有一些管理粗放的甜樱桃园产量极低，有的甚至是5～6年生以上的树不能正常进入结果期和盛果期；结果晚、单产低的果园比例，要大于高产高效园。经济效益的不平衡，特别是还有相当比例的低产低效益园的存在，严重制约了甜樱桃生产总体效益的提高。

（3）果品质量差，栽培效益低

据各产区反应，目前各地均有一些果园片面追求高产，而忽视果实品质的提高，致使甜樱桃果个小，着色差，含糖量低，综合品质差，商品价值低。这些果园虽然单位面积产量提高，但经济效益却很低。

（4）无公害生产普及不够，生产效益受到影响

同其他果树一样，目前甜樱桃无公害生产在我国普及还不够，相当一部分栽培者对此缺乏认识，生产措施不按照无公害规程进行，致使无公害、绿色果品的比例还比较小。在人们对食品健康、安全意识逐渐增强的形势下，非无公害、非绿色果品的商品价值要相对大大降低。这必然使甜樱桃生产效益受到影响。

(5)效益增长方式落后

按照科学发展观的要求，追求高效益生产目标应注意两个问题：一是不断增大科技对生产的贡献率，二是在提高效益的同时，要注意资源的节约，发展节约型农业。目前，我国大多数甜樱桃生产者，主要是靠加大各种资源投入来实现效益的提高。这种以加大投入争取高效益的方式，是不科学的。它既不符合建设节约型社会的基本精神，又因支出过大而降低了纯收入水平。

3. 提高生产效益的努力方向

提高生产效益是一个系统工程。根据我国的实际情况，放眼世界甜樱桃生产的发展，应重点从以下几个方面努力：发展优良品种，优化品种结构；确定适宜地区，实行适地适栽；选择良好的生态环境，使果园的气候、土壤、水和空气等条件，既与品种特性相适应，又符合安全绿色果品生产的要求；高标准、高质量建园，为樱桃的高产优质奠定良好的基础；采用先进的生产管理技术，科学进行樱桃树的整形修剪、肥水供给与调控、病虫害防治、花果管理等规范化生产关键环节；运用产后增值技术，打造品牌，创造名牌；加强流通领域工作，积极拓宽市场空间等。

第二章　优良品种的选择

一、认识误区和存在问题

品种是果业发展中最关键的因素之一。栽培优良品种可以在不增加其他投入的情况下，提高生产效益。正确选择品种，是提高甜樱桃栽培效益的一个重要前提。目前，我国的甜樱桃生产，在品种选择利用方面，还存在一些值得注意的问题。

1. 对品种的重要作用缺乏认识

对优良品种在提高生产效益中的重要作用缺乏认识，应用优新品种的意识不强，对一些利用价值很低的老品种仍作为主要品种栽培，不能及早更新。如那翁、大紫、小紫、黄玉、红蜜和水晶樱桃等一些老品种，虽然品质好，但果个小，果柄细长，不抗裂果，因而售价很低，作为授粉品种栽培还可以，作主要品种栽培的，则应及早更新。

2. 盲目追新，盲目发展

有的果农误认为只要是新品种就是好品种，就能带来高效益，只要得到新品种信息，就不分渠道和途径，也不惜重金急切引入，不考察了解品种特性，也不经试栽就盲目发展。如近几年炒作宣传的美国巨早红和春霞大樱桃，还有一些乌克兰和俄罗斯品种，将其炒作为果个大、单果重25～50克，或抗寒力强，能耐－38℃～－40℃低温的优良品种，致使很多追求新品种者上当。这些品种在原产地确实是优良品种，但到了我国，自然环境条件变了，就不一定是适应我国自然条件的适栽良种了。

3. 只注重品种的经济性状，不注意品种的适应性

在引用樱桃品种的时候，只注意了解其丰产性、果实品质等经济性状，而忽视了对品种适应性的观察，结果引用了一些不适于当地发展的品种，不能做到适地适栽。如巨红、佳红、雷尼和艳阳等新品种，虽然具有果个大、品质好、晚熟和丰产的特性，果实售价也较高，但成熟期遇雨易裂果，若在果实成熟期易降雨的地区栽培，就会裂果严重，达不到高产高效益的目的。

4. 选择品种时缺乏对市场需求变化的预测

在品种选择上，一是看大多数人栽什么就选用什么，二是看当前市场上什么品种的果实畅销就选什么品种，而不能综合多种因素，科学预测今后市场需求的变化，因而也就无法率先发展未来市场前景广阔的品种，只能是跟在发展潮流的后面。如近几年多数人大面积栽植萨米脱和美早，市场售价也很高，所以便一哄而上地大面积栽培，不惜将优良的红灯品种淘汰，致使樱桃果实上市期过于集中。

5. 不能正确识别不同种类的樱桃

在引种栽培中，不能正确识别中国樱桃和甜樱桃，不能正

确识别甜樱桃和酸樱桃，误把一些中国樱桃品种引入甜樱桃露地适栽区和保护地中发展，由于中国樱桃和酸樱桃果实的商品价值大大低于甜樱桃，而使生产受到损失。如吉林、黑龙江的个别栽培者，将莱阳矮樱桃和玻璃灯（酸樱桃）当作甜樱桃，引入温室栽培，致使栽培效益很低。

6. 不分地区片面强调发展早熟品种

片面理解甜樱桃早熟品种的市场优势，误认为不论什么地区，只要是早熟品种就有较高的商品价值，故而过分强调发展甜樱桃早熟品种，而不能正确认识我国各产区的物候期特点，不能从本地优势出发，科学地搭配早、中、晚熟品种。如早熟品种虽然果个小，但在河南、山东等省栽培，因物候期早，其果实上市早，上市时正值辽宁、河北等省露地樱桃果上市之前，保护地樱桃果采收结束时的鲜果供应淡季，所以果实售价很高。而辽宁、河北省露地栽培的樱桃早熟品种，其果实采收期正值河南、山东的大果晚熟品种的大量上市期，因而果实售价很低。

二、选择优良品种的原则

就品种而言，为提高生产效益，要解决好如下三个关键环节：即确定选择品种的依据原则，栽植适宜的优良品种，适时进行品种的更新。通观国内外甜樱桃的生产现状和发展趋势，在选择栽培品种时，应依照以下原则进行：

1. 适地适栽

适地适栽，就是选择与甜樱桃生长发育相适应的地区栽培甜樱桃，此外还要选择与当地自然经济条件相适应的品种。本地适合栽培哪个品种，就栽哪个品种。选择品种时，首先要考虑温度、降水和日照等气候条件，栽培品种必须与这些条件相适应。如适栽区域的偏北地区，要尽量选用耐寒力较强、抗裂果的中、晚熟品种；在偏南地区，则应选择需冷量低、抗裂果的早、中熟品种；晚霜危害严重的地区，要选择花期耐霜害的品种。其次，要注意当地相关的社会经济条件，如交通不方便的地区，应发展耐贮运的品种；有果品加工企业的地方，可选择中、晚熟和耐贮的品种，或适当栽植加工用的品种，以及鲜食与加工兼用的品种。

我国的甜樱桃栽培区，基本可划分为四个区，既环渤海湾地区、陇海铁路东段沿线地区、西南高海拔地区和分散栽培区。

环渤海湾地区，包括山东省、辽宁省、河北省、北京市和天津市。这是我国甜樱桃商业栽培起步最早的地区，果农已得到栽培甜樱桃的高回报，种植甜樱桃的积极性很高，栽培面积和产量增加迅速，此地区带动了国内其他地区甜樱桃种植业的发展，成为中晚熟甜樱桃栽培区。

陇海铁路东段沿线地区，包括江苏省、安徽省、河南省、陕西省和甘肃省，山西省南部适于甜樱桃栽培地区的气候与上述省相似，也包括在此地区之内。此地区甜樱桃栽培起步较晚，栽培面积较小，但各省都有一些进入丰产期的樱桃园，起到了很好的带动作用，已形成加速发展之势，成为早熟甜樱桃栽培区，熟期比烟台早 10～15 天。渭北高原是甜樱桃中熟和晚熟品种适宜栽培区。此地区交通便利，所产的甜樱桃容易销往其他省、市、自治区。早熟和交通便利，是此地区发展甜樱桃的两大优势。

西南高海拔地区，主要指四川省。这里是海拔较高，年日照时数在2 000小时以上，能满足樱桃的低温需要，又不发生严重冻害的地区。此地区现有的樱桃栽培面积小，但此地区光照充足，昼夜温差大，对糖分积累非常有利，甜樱桃品质极佳。另外，此地区可以利用其不同的海拔高度，生产出极早熟至极晚熟的甜樱桃，这是此地区甜樱桃生产的优势。

甜樱桃的分散栽培区，包括我国南疆的露地栽培区，以及吉林省、黑龙江省和宁夏回族自治区等北方寒冷地区的保护地栽培区。

2. 综合栽培性状优良

根据当地气候特点，选择熟期适宜，丰产、稳产性好，适应性、抗逆性强，综合栽培性状优良的品种。选择保护地栽培品种和授粉品种的原则是，主栽品种应具有果个大(平均单果重8克以上)，果色红，果柄短粗，早、中熟，抗裂果，需冷量低，能自花结实或自花结实率高等性状；授粉品种应具有花粉量大，与主栽品种授粉亲和性好、需冷量相近、果个大、品质好的性状。

3. 果实商品价值高

樱桃果实的商品价值，是决定栽培效益高低的一个最重要因素。在樱桃品种综合栽培性状较好的前提下，要选用果个大、果柄短粗、色泽艳丽一致、果肉硬度较大、耐贮运、口感风味好、抗裂果、商品价值高的品种。

4. 市场空间大

要观察分析市场需求现状和发展趋势，在立足于满足当前市场需要的同时，兼顾未来发展的新趋势，去选择适宜品种，做到果品既在近期有较强的竞争力，又能保持今后有较好的销售前景，使果品有更大的市场空间。

5. 品种结构优化

首先，要增加优良品种的栽植面积，不断提升优良品种比例，尽快从整体上实现栽培品种优良化。

其次，要使早、中、晚熟品种合理搭配。主栽品种也不应只是一个，以避免采收、销售过于集中。要根据当地自然条件，科学确定不同成熟期的品种比例。适栽区偏南的地区，如山东半岛、黄河中游地区和皖西地区等，樱桃物候期早，果实成熟早，早熟品种可以早供市，商品价值会高。在这些地区，应以栽植早熟品种为主，使之成为重点早熟栽培区。而偏北地区，如辽宁省大连等地区，物候期晚，相同品种的果实成熟期比偏南地区晚很多。这些地区的早熟品种供市期，与南部地区中、晚熟品种的成熟期相近，因而没有市场竞争力；而这些地区的晚熟品种的成熟期，正是南部地区无鲜果成熟供市时，则有很大的市场空间。所以，这些地区应以栽植晚熟品种为主，使之成为晚熟品种优势区。

第三，要以栽植鲜食品种为主，兼顾加工品种。当前，国内外市场对甜樱桃的主要需求是鲜果。在这种情况下，甜樱桃栽培以鲜食品种为主是符合客观实际的。但是，也应看到，随着甜樱桃栽培面积和产量的增加，以及人们生活水平的提高，甜樱桃的果品加工业会得到相应的新发展，对加工原料将出现新的需求。鉴于这种情况，甜樱桃栽培在以鲜食品种为主的前提下，应适当栽培加工和鲜食兼用品种，特别是现在已有相关加工产业的地区，更应有所考虑，以便更好地满足市场的需求。

三、适宜栽植的优良品种

选用综合栽培性状优良、果实商品价值高、市场竞争力强的适宜品种，是提高生产水平和经济效益的重要前提。为使樱桃栽培者在选择品种时有依据，现将目前国内外生产中的一些优良品种，作概要介绍。

1. 早熟品种

(1)早红宝石

乌克兰育成。果实宽心脏形。果柄长。平均单果重6克左右。果皮紫红色，有玫瑰红色果点。果肉红色，细嫩多汁，可溶性固形物含量为15%左右，风味酸甜，品质较好。不耐贮运。抗裂果性差。果实发育期28天左右。丰产性好。

(2)5-106

辽宁省大连市农科所育成。果实宽心脏形。平均单果重8克。果皮紫红色，有光泽。果肉紫红色，肥厚多汁，可溶性固形物含量为17%左右，风味酸甜，品质好。较耐贮运。果实发育期38天。丰产性好。

(3)意大利早红

意大利早红，又名莫利。法国育成。果实肾形。平均单果重7克左右。果皮浓红色，完熟时紫红色，有光泽，鲜艳美观。果肉红色，肥厚多汁，可溶性固形物含量为17%，风味酸甜，口感好。较耐贮运。果实发育期40天。丰产性好。

(4)龙　冠

中国农科院郑州果树所育成。果实宽心脏形。平均单果重6.8克。果皮宝石红色，果肉紫红色，肉质较硬，果汁中多，可溶性固形物含量为16%左右，风味酸甜适口。较耐贮运。果实发育期40天左右。丰产性好。

(5)8-129

辽宁省大连市农科所育成。果实宽心脏形。平均单果重9克。果皮紫红色，有光泽。果肉紫红色，肉质较软，肥厚多汁，可溶性固形物含量为18%，风味酸甜，品质好。较耐贮运。果实发育期42天。丰产性好。

(6)早大果

早大果，又名大果、巨丰。乌克兰育成。果实广圆形。果柄中长。平均单果重9克。果皮和果肉均为紫红色。果肉软而多汁，酸甜适口，可溶性固形物含量为17%。果实发育期42天左右。丰产性好。

(7)抉　择

乌克兰育成。果实圆心脏形。果柄中长。平均单果重9克。果皮和果肉均为紫红色。果肉较硬多汁，酸甜适口，可溶性固形物含量为16%。抗裂果性差。果实发育期42天左右。丰产性好。

(8)红　灯

辽宁省大连市农科所育成。果实肾形。果柄短。果个大小整齐，平均单果重9.6克。果皮浓红至紫红色，有鲜艳光泽。果肉红色，肉肥厚，质较软，多汁，可溶性固形物含量为17%左右，风味酸甜。抗裂果，耐贮运。果实发育期45天左右。丰产稳产。

(9)大　紫

前苏联育成的品种。果实心脏形至宽心脏形。平均单果重7克。果皮薄，紫红色。果肉浅红色，质松多汁，可溶性固形物含量为 15%，味甜微酸，品质好。较耐贮运。果实发育期 45 天。丰产。

2. 中熟品种

(1)佳　红

辽宁省大连市农科所育成。该甜樱桃品种的果实宽心脏形。果个大小整齐，平均单果重 9 克左右。果皮浅黄，阳面着鲜红色霞，有较明晰的斑点。果肉浅黄白色，肉肥厚，肉质脆而多汁，可溶性固形物含量为 19%左右，风味酸甜适口，品质极佳。抗裂果性差。较耐贮运。果实发育期 50 天左右。丰产稳产性好。

(2)红　艳

辽宁省大连市农科所育成。果实宽心脏形。平均单果重 8 克。果皮底色浅黄，阳面呈鲜红色霞。果肉浅黄，质软多汁，可溶性固形物含量为 18%，酸甜适口。较耐贮运。果实发育期 50 天左右。抗裂果性较差。丰产性好。

(3)芝罘红

山东省烟台市芝罘区农林局于 1979 年发现的一个实生优良单株。果实心脏形。平均单果重 7 克。果皮红色，鲜艳有光泽。果肉浅红色，质地硬脆，可溶性固形物含量为 16%，风味酸甜。果实发育期 50 天左右。早果，丰产，适应性强。

(4)拉宾斯

加拿大育成。果实近圆形或卵圆形。平均单果重 8 克。果皮紫红色，厚而韧，有光泽。果肉红色，肥厚硬脆、多汁，可溶性固形物含量为 16%，风味酸甜可口，品质好。抗裂果，耐贮运。果实发育期 50 天左右。早果，丰产稳产。树体抗寒力较弱。

(5)先　锋

加拿大育成。果实肾脏形;平均单果重 8 克。果皮浓红色,有光泽,厚而有韧性。果肉玫瑰红色,肥厚多汁,较硬脆,可溶性固形物含量为 17%,味酸甜适口,品质好。抗裂果,耐贮运。果实发育期 55 天左右。早果丰产。

(6)斯 坦 勒

加拿大育成。果实心脏形。平均单果重 9 克。果皮厚而韧,紫红色,光泽艳丽。果肉红色,硬而多汁,可溶性固形物含量为 17%,风味酸甜爽口。抗裂果,耐贮运。果实发育期 50 天左右。早果性好,丰产。树体耐寒力较弱。

(7)红　蜜

辽宁省大连市农科所育成。果实心脏形。大小整齐,平均单果重 5.1 克。果皮底色杏黄带红晕,有光泽。果肉黄白色,肉质软而多汁,可溶性固形物含量为 17%左右,味甜酸适口,品质好。果实发育期 50 天左右。早果,丰产。

(8)美　早

美早,又名塔顿和 7144-6。美国育成。果实宽心脏形,果顶稍平。平均单果重 9.4 克左右。果皮红色至紫红色,有鲜艳光泽。果肉红色,肉肥厚,质脆多汁,可溶性固形物含量为 17%左右,酸甜适口,品质好。抗裂果,耐贮运。果实发育期 55 天左右。丰产。

(9)宾　库

美国育成。果实宽心脏形。果个大小整齐,平均单果重 7.2 克。果皮厚,浓红至紫红色。果肉粉红色,肉质致密,硬脆,多汁,可溶性固形物含量为 15%,味酸甜适度,品质好。抗裂果,较耐贮运。果实发育期 55 天左右。丰产稳产。适应性较强。

(10)萨米脱

加拿大育成。果实长心脏形。平均单果重10克。果皮浓红色，有光泽，薄而韧。肉硬，可溶性固形物含量为17%，风味浓，品质好。抗裂果，耐贮运。果实发育期55天左右，成熟期集中。较耐贮运。丰产，稳产。

(11)红 丰

红丰，又名状元红。山东烟台市农林局1979年在樱桃普查中发现的优良单株。果实心脏形。平均单果重6.5克。果面深红色，完熟后呈浅紫红色，有光泽，果皮厚，缝合线明显。果肉深米黄色，肥厚硬脆多汁，可溶性固形物含量为15%，味酸甜适口，品质好。耐贮运。果实发育期55天左右，丰产。

3. 晚熟品种

(1)雷 尼

美国育成。果实心脏至宽心脏形。平均单果重10克。果皮底色浅黄，阳面着鲜红色霞，果色艳丽。果肉黄白色，肉质较脆，肥厚多汁，可溶性固形物含量为18%，风味酸甜适口，品质好。较抗裂果，耐贮运。果实发育期60天左右。丰产稳产性好。

(2)巨 红

由辽宁省大连市农科所育成。果实宽心脏形。果个大小整齐，平均单果重10克。果皮底色浅黄，阳面着鲜红色晕。果肉浅黄白色，肉肥厚，较脆，多汁，可溶性固形物含量为19%左右，风味酸甜。不抗裂果。较耐贮运。果实发育期60天左右。丰产，适应性较强。

(3)8-102

由辽宁省大连市农科所育成。果实宽心脏形。平均单果重 9.8 克。果皮洋红色，有光泽。果肉天竺葵红色，肉质较脆，肥厚多汁，风味酸甜，可溶性固形物含量为 18%。果实发育期 65 天左右。丰产。

(4)艳　阳

加拿大育成。果实圆形。平均单果重 11 克。果皮紫红色，有光泽，外观好。果肉红色，肉质较软而多汁，可溶性固形物含量为 16%，味甜酸可口，品质好。不抗裂果。耐贮运。果实发育期为 60 天左右。丰产。

(5)晚 大 紫

系大紫实生优系，由辽宁省大连市得利寺镇果农选育。果实心脏形。平均单果重 10 克。果皮紫色。果肉浅红色，质硬，多汁，可溶性固形物含量为 17%，味甜微酸。较抗裂果，耐贮运。果实发育期 65 天左右。丰产，稳产。

4. 鲜食与加工兼用品种

(1)大　紫

前苏联育成的品种。果实心脏形至宽心脏形。平均单果重 7 克。果皮薄，紫红色。果肉浅红色，质松多汁，味甜微酸，适于鲜食和罐藏。

(2)海波绕斯

保加利亚品种。平均单果重 6.8 克。果皮红色至深红色。果肉红色，多汁，味甜。核极小。适于加工果酱和冷藏。

(3)司 力 姆

意大利品种。果实圆球形。平均单果重 6～7 克。果皮黄色，向阳面红色，果肉白色，肉质硬脆，味甜酸。适于鲜食、酿酒、制酱和罐藏。

(4)甜　安

美国品种。平均单果重6～7克。果皮黄色，向阳面红色。果肉硬，味甜。适于鲜食和加工。

(5)兰伯特

美国品种。果实心脏形，先端稍圆。平均单果重6克。果皮紫黑色，有光泽。果肉暗红色，肉质脆硬，多汁，味甜微酸，有芳香味。适于鲜食、酿酒和加工果酱。

(6)那　翁

起源不详，是一个古老的品种。果实心脏形或长心脏形。平均单果重7克。果皮底色黄，阳面着红色晕。果肉浅米黄色，肉质致密，脆嫩多汁，味醇厚酸甜。适于鲜食和制罐。

5. 加工品种

玻璃灯

玻璃灯，又名酸樱桃、琉璃泡和长把酸，是一个古老的酸樱桃品种。它虽然不属于甜樱桃品种，但在生产中有一定的栽培面积，而且抗寒性较强，丰产性好，故把它归在加工品种之中。该品种果实圆球形或扁圆形。平均单果重4～5克。果皮红色或紫红色，肉软味酸。主要用于加工罐头和果汁。

6. 保护地适栽品种

目前，在我国甜樱桃保护地生产中，栽培较多的品种有：红灯、美早、拉宾斯、意大利早红、抉择、大紫、8-129、5-106、萨米脱、雷尼、先锋、早红宝石、龙冠和山形美人等。这些品种在相关地区的保护地栽培中表现较好，特别是红灯、拉宾斯和美早，作温室和大棚的主栽品种，生产效益很高。雷尼和萨米脱等作大棚的主栽品种，效益也很好。

四、适时进行品种更新

随着新品种的不断推出和社会经济的发展，市场对果品的需求也在不断变化。生产者要根据当前的市场情况和未来的发展趋势，适时淘汰竞争力差、效益低的落后品种，用优质丰产、竞争力强、效益高的新品种来取代，使栽培品种得到不断更新。

目前，樱桃品种更新主要采用的方式有两种：一是全园淘汰重栽，二是高接换头。关于全园淘汰重栽问题，将在建园章节中叙述。现就高接换头的相关技术作如下介绍：

1. 果园及树体条件

通过高接换头进行品种更新的果园，全园要有较高的整齐度，无缺株或缺株很少。树体间生长状况比较一致。树龄以在盛果期以前为宜。树势较强健，营养生长较旺盛。树干和主枝没有严重的病虫害。这些是高接换头的基本条件。

2. 高接方法及时间

目前，应用较多的高接换头方法，主要有木质芽接、舌接、切腹接和劈接四种。

(1)木质芽接

木质芽接，是适用于直径为0.4～1.0厘米粗的枝条换头方法。

①嫁接时间　木质芽接的具体时间，因地区不同而异。春季嫁接，一般是在叶芽刚萌动时(这表明树体汁液已经开始流动)即可进行嫁接。在辽宁大连地区，是4月初开始，可接

到4月末；在山东烟台地区，因物候期早，3月下旬就可开始嫁接，可延至4月中旬。秋季嫁接的，可在8月下旬至9月上旬进行。

②嫁接方法 削取接芽时要带木质部。先在接芽下方0.5～1.0厘米处斜横切一刀，深达木质部。再在接芽上方1.5～2.0厘米处向下斜切，深达木质部0.2～0.3厘米，削过横切口，取下带木质的芽片。然后，在高接枝较光滑处先横斜切一刀，再自上而下斜切一刀达横切口，深度为0.2～0.3厘米，长宽与芽片相等或略大。将削好的芽片嵌入高接枝的切口内，使下部形成层紧密吻合。如果枝条粗度大于芽片时，必须保证有一侧的形成层对齐。最后用塑料条自下而上地绑紧嫁接部位（图2-1）。芽片不可宽于高接枝切口，否则形成层不易对齐，很难保证成活。春季嫁接的，待接芽愈合后，在接芽的上方留2厘米长后将枝条剪断。秋季嫁接的在当年不剪断枝条，待翌年春季修剪时再将其剪断。

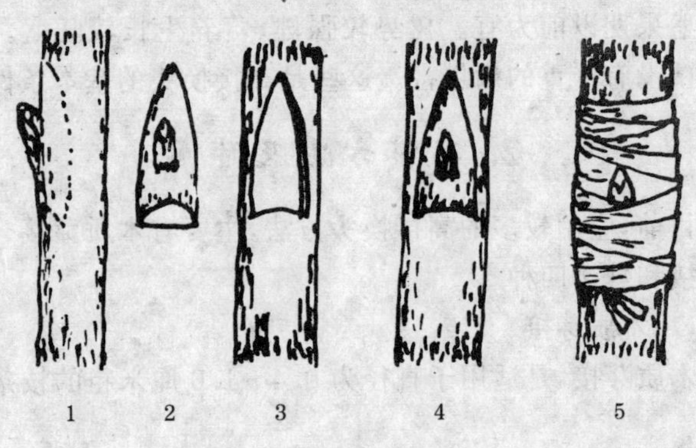

图2-1 木质芽接

1. 削接芽 2. 芽片 3. 削高接枝 4. 嵌入芽片 5. 绑扎

(2)舌　接

舌接是适用于砧木和接穗相同粗的一种高接方法。

①嫁接时间　可在春季进行，以3月中旬到4月中旬为宜。

②嫁接方法　在接穗基部芽的同侧削一斜面，长3厘米。然后，在削面距顶端1/3处，垂直切一竖切口，再在高接枝上削同样的切口，削好后将接穗与高接枝插在一起，用塑料条绑紧即可(图2-2)。

(3)切腹接

切腹接是适用于高接枝比较粗的一种高接换头方法。

①嫁接时间　切腹接可在春季进行，以3月中旬到4月中旬为宜。

②嫁接方法　将带有3～4个叶芽的接穗，一侧削成3厘米左右长的斜面，另一侧削成0.5厘米左右长的短斜面。再将高接枝在较平滑处剪断，自上而下地斜切一切口，切口长度略长于接穗的长斜面。然后，将削好的长斜面插入切口，并确保一侧形成层对齐。最后用塑料条将接口绑紧即可(图2-3)。

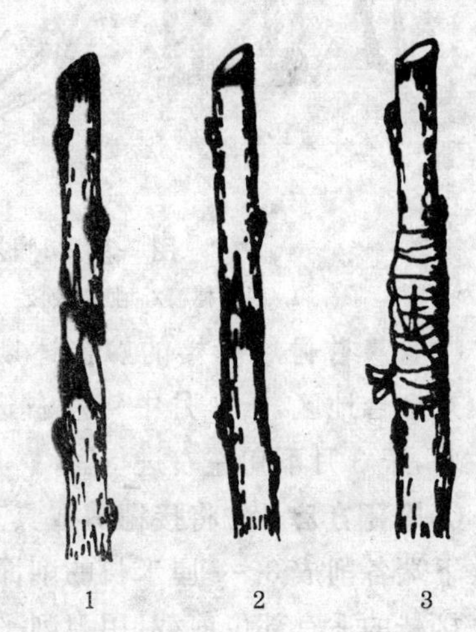

图2-2　舌　接

1. 削接穗和高接枝　2. 插入接穗　3. 绑扎

(4)劈　接

劈接是适用于高接枝较粗的一种高接换头方法。

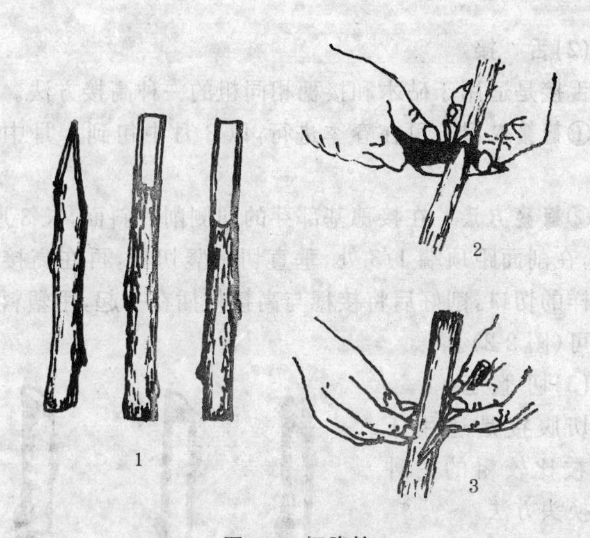

图 2-3　切腹接

1. 削接穗　2. 削高接枝　3. 插入接穗

①**嫁接时间**　劈接的嫁接适期，是树液刚开始流动时。在山东烟台地区，于 3 月中旬左右进行。在辽宁大连地区要晚一些，于 3 月下旬左右进行。

②**嫁接方法**　先将接穗剪成具有 3～4 个芽的小段，再将接穗下端各削成 3～4 厘米长的削面，一面薄，一面厚。然后，在高接枝的适宜部位剪截，用刀削平断面，在断面中央处劈开一个 4～4.5 厘米深的切口，将削好的接穗插入劈开的切口中间，使形成层对齐。最后，用塑料条将接口绑紧(图 2-4)。

3. 高接需要注意的问题

高接换头要在适宜时期进行。具体时间要根据不同嫁接方法和不同地区的气候特点来确定。接穗一定要充分成熟。也就是选择成熟度好的枝条，接芽要充实饱满。要防止在有

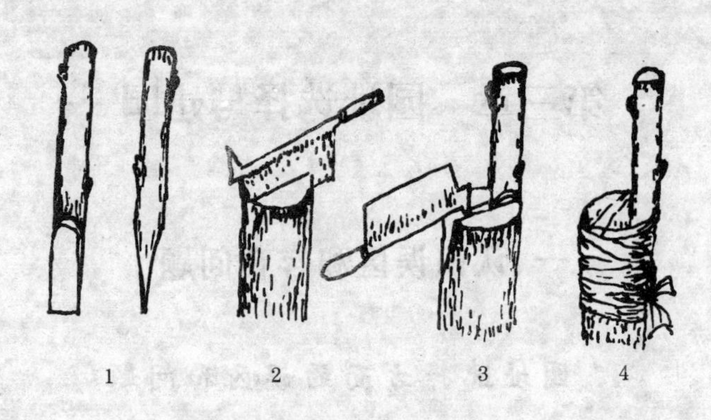

图 2-4 劈 接

1. 削接穗 2. 劈高接枝 3. 插入接穗 4. 绑扎

病毒和桑白介壳虫的树上采接穗。要注意温度和降雨对成活率的影响。高接的适宜温度为 20℃～25℃，最低不应低于 10℃。温度低和接后遇雨会降低成活率。嫁接时，操作要快、平、齐、紧，即嫁接速度要快，削面要平，接穗与高接枝形成层要对齐，接后要绑紧密封好。保证树体的适宜水分。如土壤较干旱，应在嫁接前一周灌一次透水，为防止水分过大引起伤口流胶，接后不宜灌水过早和过多灌水。要加强接后管理。

4. 接后管理

加强接后管理，是提高嫁接成活率和促进高接枝生长发育的重要条件。对高接枝上的多余萌芽要及时抹除。对长势较旺的萌芽，可于春、夏季摘心，促其萌生侧枝，以加速高接新树冠的形成。要及时有效地防治病虫害，特别是食叶性害虫，以保证高接新品种枝条正常生长发育。要适当供应肥水，使高接新品种枝条生长发育得到营养保证。土壤结冻前灌一次封冻水，有利于高接枝安全越冬。

第三章　园址选择与建园

一、认识误区和存在问题

1. 园址选择方面的误区和问题

(1)在气候条件不适宜的地区建园

不了解甜樱桃的生物学特性，不能适地适栽。这是园址选择的最大误区。如在多雾地区，冬、春季冷风大而频繁的地区和树体越冬有冻害的地区建甜樱桃园，失败的多，成功的少。

(2)园址距污染源较近

园区离有粉尘和有毒气排放的化工厂、农药厂等厂矿区较近，空气和灌溉用水污染严重，或土壤中有害物质残留量超标，不符合国家关于无公害果品生产的规定标准；或离公路较近，灰尘较大，不仅影响树体进行光合作用，还污染果实，因而无法进行安全优质果品的生产。

(3)忽视排水防涝

对甜樱桃既不抗旱又不耐涝的特性缺乏认识，选择园址时只注意灌溉防旱问题，而忽视了排水防涝问题。园地低洼，排水不良，轻者影响树体生长发育，重者在降水量大的年份会造成死树现象的发生。

(4)在土壤黏重、排水不良的地段建园

甜樱桃根系对氧气十分敏感，根部缺氧会抑制树体生长发育，甚至会导致流胶等缺氧诱发性病害。有些生产者不明白甜樱桃这一特性，将园址选择在土壤黏重、排水不良的地段，结果建园后树体生长发育不良，结果晚，单产低，质量差，甚至出现死树、毁园等严重问题。

(5)重茬连栽

有的栽培者在品种更新中淘汰老树后，急于建园，在没有采取换土和轮作等措施的情况下，在老园原址上栽树。这种重茬连栽的做法，引起了一系列再植障碍，使树体生长发育不良，生产效益受到很大的不利影响。

(6)保护地园址选择不当

保护地栽培园址条件要比露地栽培高。一些生产者忽视了这一点，按一般露地栽培的要求选择园址，没有达到保护地栽培对选址的要求，温室或大棚建成后，很多条件不能满足保护地条件下甜樱桃生长发育的要求，使果实成熟期、产量和质量都受到不利影响，降低了生产效益。

2. 建园方面的误区和问题

(1)忽视全园总体规划

建园只注重樱桃栽植技术，而忽视了全园总体规划，没有使防护林、道路、水利、电力和喷药设施、仓房等得到合理布局，因而影响了果园整体使用效能，不利于樱桃生产的机械化和现代化。

(2)基本建设工程不到位

急于栽树，对山地、丘陵地没有修建梯田、排水设施等水土保持工程。没有进行土壤改良，土壤有机质含量低，质地黏重，结构不良，耕作层浅，肥力较差。在这种情况下就地栽树建园，没有为甜樱桃创造良好的立地条件，对建园以后的生产管理造成许多不便。

(3)栽植密度不合理

不能根据品种特性和土壤肥力条件，确定适宜的栽植密度。乔化品种在土壤条件很好的园中，栽植密度过大，会造成树体甚至全园郁闭；短枝性状品种或矮化苗木，栽植密度过稀，不能很好利用土地资源和光能。这些都不利于生产效能的提高。

(4)授粉树配置不当

甜樱桃大多数品种自花结实率很低，或自花不实。有的果农建园时没有合理配置授粉树，有的没有栽植授粉树，有的栽植的授粉树数量不足，有的授粉树与主栽品种亲和性不好，或花期不遇。这些都会妨碍产量的提高。

(5)栽植技术存在问题

①**栽植时期不当** 不能根据不同地区的自然条件，选择适宜的栽植时期。有的在冬季低温地区(华北北部、东北等地)进行秋栽，使苗木在越冬中遭到冻害，严重妨碍成活。

②**栽植穴小，底肥少** 栽植穴过小，穴中又没有填入足量的底肥，没有为栽后树体的生长发育创造良好的条件。

③**肥料烧根** 在向栽植穴填入底肥时，没有将肥料与穴土混拌均匀并与根系隔开，根系与肥料直接接触，使根系受到伤害，造成烧根，妨碍成活或成活后的生长发育。

④**遭受虫害和风害** 栽后没有对樱桃苗木的枝或芽采取保护措施，使枝芽在萌发前后遭受虫害和风害，因而严重影响成枝率或成活率。

⑤**栽前苗木处理不当** 冬贮甜樱桃苗木因沙培湿度过大而烂根，或因干燥而使根系抽干；一年生苗木栽前根系没有进行浸泡；对两年生以上大苗，在起苗时伤根严重；栽植前苗木

主干受伤严重等。这些不当的处理，都会降低甜樱桃苗木的栽植成活率。

⑥栽植过深 栽植深度不合适，将嫁接口深埋于地表以下，尤其是嫁接口较高的苗木，这样会使根系处于透气性差和温度低的深层土壤中，使根系活动受限，妨碍栽植成活率的提高，或引起流胶病的发生。

二、正确选择园址

园址是甜樱桃生长发育的立地条件，适宜的园址是提高樱桃生产效益的重要前提之一。从我国甜樱桃生产实际出发，应从以下几方面正确选择园址：

1. 气候条件

气候条件是甜樱桃生长发育的自然保障因子，它包括温度、风和降水等。

(1)温　度

温度是制约性因素，只有温度符合甜樱桃生长发育的要求，甜樱桃才能正常生长、开花和结果。

甜樱桃的耐寒力比较差，－20℃为它的冻害临界低温。在－18℃的温度情况下，其树体和枝干就会发生不同程度的冻害。晚秋－8℃、早春－7℃以下的低温，其根系就可能受冻。在花蕾期，－1.7℃以下的低温；开花期和幼果期－1.1℃～－2.8℃的低温，就会发生冻害。甜樱桃生长发育的适宜年平均气温为7℃～12℃，日平均气温高于10℃的时间为150～200天；萌芽期的适宜平均气温在7℃～10℃；开花期的适宜平均气温为12℃～15℃；果实发育期的适宜平均气温在 20℃～25℃。甜樱桃通过休眠，需要一定的低温条件。试验结果表明，大多数的甜樱桃品种，需要在0℃～7.2℃的温度条件下，累计低温量达到 800～1 440 小时，才能解除休眠。

在选择园址时，必须全面考虑上述温度条件，使园区气温能满足甜樱桃生长发育对温度的需求。露地栽培，要特别注意防止可能造成各种寒害的低温。

(2)风

风也是影响甜樱桃生长发育的一个重要气候条件。甜樱桃抗风能力较弱，各时期的大风均能产生危害。冬、春季易造成枝条抽干，花芽发生冻害；花期风害能使花器官受损，影响昆虫传粉活动，使授粉受精不良，降低坐果率；新梢生长期可造成树体偏冠，叶片磨伤；雨后大风会使树体倾斜和倒伏；台风会使树枝折断或树体倾斜，轻者使树势衰弱，重者可能引起死树。

在选择园址时，要注意风害对树体生长发育的影响，尽量把园址设在背风地段或有防护条件的地块。

(3)降　水

甜樱桃既不抗旱，又不耐涝，需要较湿润的气候条件。大多数品种以年降水量为 500～800 毫米较为适宜。年降水低于 500 毫米，又没有灌溉条件，将无法保证樱桃对水分的需求，影响生长发育。降水过多，如果园内排水不良，则容易引起涝害。果实成熟和膨大期降水过多，会引起裂果。同时，因甜樱桃喜光性强，降水量过多的阴雨天气会导致光照不足，影响树体发育。

甜樱桃园址应选在降水量适中的地区和有排灌条件的地块。降水量小的干旱地区，樱桃园必须有灌溉条件。

2. 地势与土壤条件

(1)地　势

一般地说，平地和 3°～15°角的缓坡地，均为甜樱桃栽植的适宜地势，其中以地势较高、空气易流通的向阳地段为更好。但不同地区对坡向的反映有所差异。如辽宁大连地区一些生产者认为，北坡由于春季升温慢，树体萌动晚，可以避过倒春寒和晚霜的危害，有利于提高甜樱桃抗寒害能力。所以，在园址地势选择上还要力求因地制宜。

(2)土　壤

土壤是甜樱桃树体生长发育的基础条件，园址的土壤状况对甜樱桃的生产效益影响很大。在选择园址时要从以下几方面着眼：

首先是土壤质地，要选择壤土、砂壤土和山地砾质壤土。其次是土壤结构要疏松，透气性好，要避免在黏重的土壤中栽植甜樱桃。第三，土壤肥力应较高，一般的土壤有机质含量不应低于 1%。第四，土层要比较深厚，活土层应在 1 米左右。第五，土壤酸碱度适宜，pH 值以 5.6～7.5 为宜。甜樱桃对盐碱反应敏感，土壤含盐量一般不应超过 0.1%。第六，甜樱桃不耐涝，忌地下水位过高，一般雨季最高地下水位不应高于 80～100 厘米。第七，对土壤中的砷、铅、汞等有毒物质要进行检测，其残留量要符合国家生产无公害果品的标准要求，超标土壤不宜建园，否则将难以生产安全优质果品。第八，忌重茬栽植，栽过甜樱桃和其他核果类果树的园地，未经 3 年以上休闲或轮作，对土壤又没有进行防治再植障碍的药剂处理，不能再栽甜樱桃。

甜樱桃保护地栽培生产集约化程度高，对地势、土壤条件要求比露地更高。因此，要选择自然温度高、背风向阳、土层深厚、质地疏松、肥力高、地下水位较低、排水通畅，无内、外涝，离水源近，有电源的地段建樱桃园。

3. 周围环境条件

甜樱桃园地要远离工业污染区，以确保空气和灌溉水源不受污染。空气和水质要达到无公害生产标准要求，为生产安全优质果品奠定基础。

4. 交通经济条件

甜樱桃果实耐贮运性不强，大面积生产园，应有较方便的交通运输条件和贮藏条件，或配置鲜食加工兼用品种，或应设在有相关加工企业的地区。

三、搞好园地整体规划

为充分发挥园区各生产要素的效能，要从生产现代化的高度，对甜樱桃园的小区、道路、防护林、水利、喷药设施和仓房等，进行科学的整体规划（图 3-1）。

1. 小区规划

小区规划的原则是，使同一小区内的土壤、小气候和光照等条件基本一致。小区的面积、形状和道路宽窄，要因不同地势而异。地势平坦、土壤差异较小的，每小区面积以 0.67～1.33 公顷为宜；山丘地区地形复杂，土壤差异较大，小区面积要适当缩小，一般是以 0.33～0.67 公顷为宜，或数道梯田为一个小区。平地小区多采用长方形，南北行向，小区长边应与

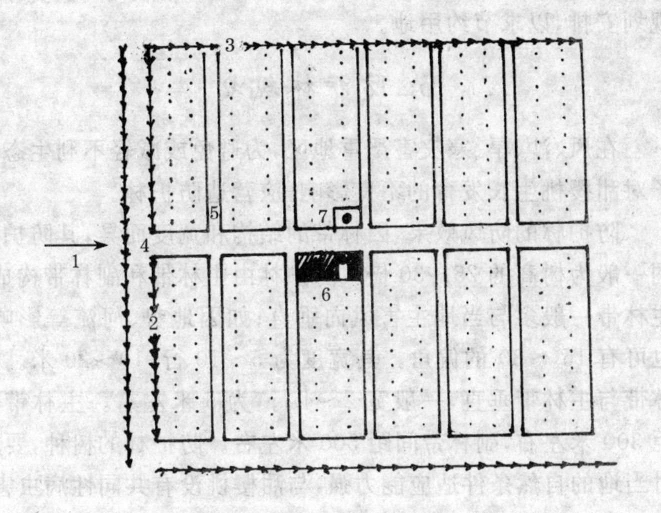

图 3-1 园区规划

1. 主风向 2. 主林带 3. 副林带 4. 主路
5. 支路 6. 作业室、水源等设施 7. 配药池

主要害风的风向垂直，以利于防风。山坡地小区的边长要与等高线平行，以便利于耕作和水土保持。

2. 道路规划

果园道路一般分干路和支路两种。干路供车辆机具通行，位于小区之间。其宽度应根据运输量及常用车辆与机具的种类(型号)来设计，通常为 3～5 米。支路设于小区内，供田间作业用，一般情况下是将树的行距加宽 1～1.5 米即可。大面积樱桃园还应设主路，主路用以连接各干路和果品分级、包装、贮藏加工等场所。山地丘陵或梯田果园，多用梯田边缘和田埂作为支路，而干路和主路则应顺坡修筑，迂回上下，以利于水土保持。道路要与水土保持工程、防护林等设施，统筹规划安排，以求节约用地。

3. 防护林规划

在风、沙、旱、寒灾害严重地区，为避免或减轻不利生态因子对甜樱桃生长发育的不良影响，应营造防护林。

防护林的防风效果，因林带的结构和宽度而异，其防护范围一般为树高的25～30倍。防护林由主林带和副林带构成。主林带一般多与当地主害风向垂直；如因地势、河流等影响，也可有15°～30°的偏角。其宽度为5～10行，10～20米。副林带与主林带垂直，一般宽2～4行，为5米左右。主林带间距300米左右，副林带间距500米左右。防护林的树种，要求对当地的自然条件适应能力强，与甜樱桃没有共同性病虫害，而且生长要迅速，经济价值比较高。

4. 排灌系统规划

排灌系统是果园的重要基础设施，在建园中要和其他设施工程统筹规划。

(1)灌溉系统的规划

目前，我国甜樱桃园的灌溉方式很多。传统的方式有沟灌、畦灌(树盘灌)、穴灌和喷灌。先进的方式有滴灌和渗灌。沟灌和畦灌，要有水渠或水管；滴灌、渗灌和喷灌，要有管路配套设施。不论哪种灌水方式，都必须安排好水源和动力(电)源。

(2)排水系统的规划

排水系统由干沟、排水支沟和排水沟组成。对山地丘陵果园，还要在园的上方挖截水沟，在排水沟末端修筑蓄水塘或水库。

对排灌系统，要遵照灌水方便、排水畅通，节水、省地，有利于水土保持和减少施工量的原则，进行规划安排。

5. 辅助设施规划

樱桃园的辅助设施，包括管理用房、仓库（工具、农药、化肥库等）、机具室、药物配制池、分级包装场及饲养场（养猪场等）等。这些设施的规模，要根据果园大小而定。配药池一般设在果园小区中心，仓库、包装场和养猪积肥场，要设在作业室附近。

四、科学建园

1. 园地基本工程建设

园地基本工程，主要是水土保持工程和土壤改良工程。由于甜樱桃根系受伤后恢复慢，根系损伤还易导致流胶病和根癌病的发生，所以栽树前应尽量完成梯田整修等水土保持工程和土壤改良工作，这样可以减少对根系的伤害。

(1)水土保持工程建设

在丘陵坡地或易涝地块建园，为防止水土流失和涝害，必须修筑水土保持工程，生产中常见的有台阶式梯田和鱼鳞式梯田两种。

①台阶式梯田　在沿等高线栽植，坡面比较整齐时，可在1～3行树的范围内，修成整齐的台阶式梯田。这种梯田外观整齐，作业方便，是最好的水土保持工程形式。在条件允许的情况下，应尽量采用这种形式（图3-2）。

②鱼鳞式梯田　在园地坡度较大，栽植行距较小或树体

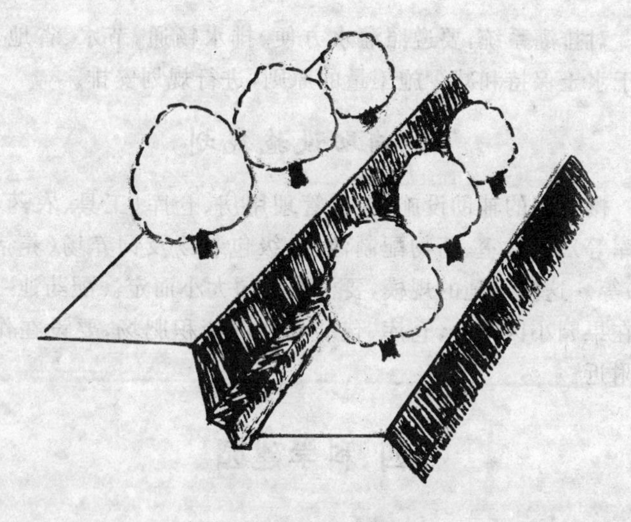

图 3-2　台阶式梯田

已长大的情况下，修台阶式梯田，会因梯田面太窄，影响树体生长发育。这样只能在每株树的外方修成突出半圆状坝墙，形似鱼鳞，故称为鱼鳞式梯田。这种梯田因不便于作业，在新建园中应用较少，只在老园改造中应用(图 3-3)。

(2)土壤改良

甜樱桃对土壤条件要求较高，适宜栽植的土壤是土层深厚，质地疏松，通透性好，保肥保水能力较强，肥力较高的砂壤土和砾质壤土。

对土质黏重、结构不良、沃土层浅、肥力很低的土壤，应进行土壤改良。土壤改良常用的方法是，挖掘栽植通沟或进行全园深翻。栽植沟一般宽 1.0～1.5 米。深翻的深度多为 0.7～1.0 米。如园地土质很差，则应进行客土改良。客土，就是将其他地方的好土换至该园之中。水土保持工程和土壤改良，因条件所限而无法在栽前做好时，也应在栽树后尽快完成。

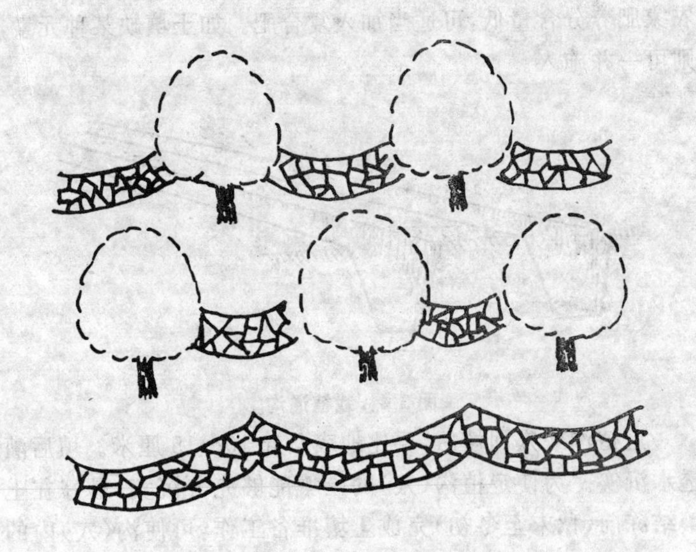

图 3-3　鱼鳞式梯田

2. 高标准、高水平建园

所谓高标准、高水平建园，是指在建园栽树中，起点和各项作业要按照高水平、高标准，严格要求，精心实施。

(1)土壤准备

首先要按照设计行向和株行距标准，对全园土壤进行平整。平整后，如已进行过全园深翻，可挖直径 1 米，深 0.8 米的定植穴。如果没有进行全园深翻，则宜挖定植沟(通沟)，一般沟深 0.7～0.8 米，宽 1.0～1.5 米(图 3-4)。沟(穴)底填 20～30 厘米厚的碎秸秆、杂草和炉渣等物，其上加 20 厘米左右厚的死土层的土。然后将肥料和表土混合均匀，填入沟(穴)内。填入的肥料要以优质农家肥为主，施入量一般按每 667 平方米 10～15 立方米(或每株 50～100 千克)计算，如果农家肥养分含量低，可适当加入复合肥。如土壤缺某种元素，则可一并施入。

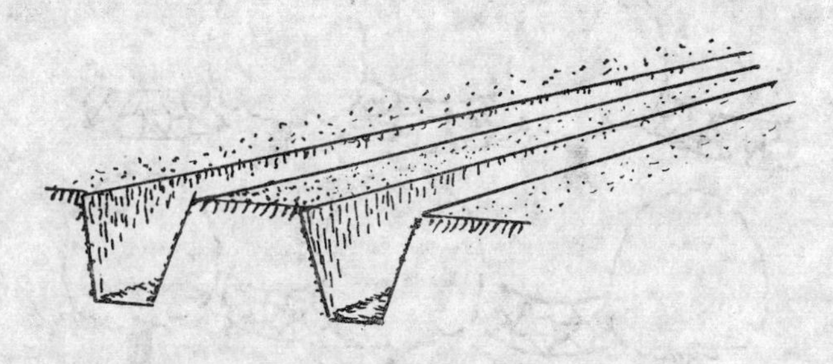

图 3-4　栽植通沟

定植沟或穴回填后，要比地表凸起 10～15 厘米。填后灌透水沉实。为使定植沟(穴)的土壤能够充分沉实，最好在土壤结冻前(秋末至冬初)完成土壤准备工作，可使沟(穴)内的土壤充分沉实，以防苗木栽后下陷。

樱桃树全部被淘汰的樱桃园，以及桃、李、杏等核果类果树或其他果树全部被淘汰的果园，未经 2～3 年轮作休闲，不宜继续栽植甜樱桃树。如果受土地条件限制，必须再植甜樱桃苗木时，则必须采取一系列有效防治再植障碍的技术措施。

①采用药剂进行土壤消毒　应用氯化苦、福尔马林、溴甲烷等消毒药剂，可以杀灭土壤中的细菌、真菌和线虫等有害生物，有效防治再植病害。但这些药剂都对人体有不同程度的危害，使用时必须按规程要求，采取严格有效的防护措施。正因为如此，这种方法在生产中难以推广应用。

②采用物理方法消毒　主要是利用热能、太阳光和射线辐射，杀灭有害生物。这种方法对保护地栽培更易采用。具体方法是，用特别的材料(塑料布等)覆盖土壤，为其加热杀菌。试验表明，采用 50℃土温，维持 4 小时，可部分消除再植

病害；用 70℃土温维持 4 小时，可完全消除再植病害。

③采用农业技术消毒 主要是轮作、休闲、清园、深翻和增施肥料。

老树淘汰后，要休闲和轮作 2 年以上。在此期间，每年至少要耕作翻晒土壤两次，并注意培肥土壤，改善其通透性。可采用三叶草、苜蓿为轮作或间作物。

老树拔出后，要尽量将它们的残根、落叶及园中杂草清除干净，并予以集中焚烧或深埋，这样可以消灭大量的容易导致再植障碍的病虫害。栽树前要全园深翻，把穴土翻起晾晒，定植时要尽量避开原栽植穴。

要及时足量补充某些矿质营养元素，特别是微量元素，对防治因营养元素缺乏而引起的再植障碍有很大作用。增施有机肥，能够改善土壤结构，增强土壤通透性，提高土壤肥力，造成有利于有益微生物活动的条件，对防治再植病虫害也是有较大作用的。

④采用生物措施消毒 施用泡囊丛枝状菌根真菌，使其与樱桃根系形成共生体，扩大根系吸收面，具有一定克服再植障碍的作用。美国等一些发达国家及我国山东试验表明，在用福尔马林对土壤消毒后，再施用菌根真菌制剂，防治再植障碍的效果更好。

(2)苗木处理

苗木处理包括如下几方面：

①苗木挑选与分级 要挑选符合质量标准、无病虫、无机械损伤的优质苗木。挑选好的苗木要按不同粗度和高度分级，把不同大小的苗木分开栽，使一个小区(数行)的苗木大小整齐。不要把大小不一的苗混栽，以利于栽后根据苗木(幼树)长势进行区别管理。

②苗木栽前处理 栽一年生苗木，在栽前要将根系放于水中浸泡12小时左右，使其吸足水分。如能使苗木根系蘸上泥浆，则更有利于成活。

如要移栽大苗，则起苗时必须从树冠外缘向内挖，以保持根系完好，不受伤，不断根。苗木起出后要立即栽植。远途运输的要用塑料膜将根系包严，并在里面撒些湿土或湿锯末，以防根系失水抽干。

为防止根癌病、线虫等病虫害，根系栽前要用消毒药剂消毒，如石硫合剂（浓度为0.5波美度）或K84（30倍液）药液等浸根。

(3)苗木栽植

①栽植方式与密度 栽植方式依果园地形而定。平原地宜采用台田式栽植方式，台面要高出地面20～30厘米。栽植时，一般行距应大于株距。这种方式园内通风透光好，有利于树体生长发育和提高产量与质量。在结果期以前，还可利用行间种植适宜作物，以增加前期经济效益，同时便于管理作业。在山坡地修梯田建园的情况下，可根据梯田面的宽窄，决定栽植行距。窄面梯田栽植1行，宽面梯田可栽两行或多行。

栽植应尽量采用南北行向，这样更有利于提高光能利用率。

栽植密度，要根据品种、砧木特性、土壤肥力和栽培方式等相关因素，合理确定。一般地说，露地栽培时的株行距，要大于保护地栽培时的株行距。露地栽植时，树势较强的品种或乔砧苗，而且是在土壤肥力较高的园地上栽培时，株行距应在3米×4米或3米×5米左右，即667平方米栽55株或44株。树势较弱的品种或矮砧苗，而且是在土壤肥力较差的园地栽植时，则应适当增大密度，株行距可调整为2米×3米或

2米×4米，即667平方米栽111株或83株。

保护地栽植樱桃，其株行距可比露地栽植适当缩小，乔砧树一般株行距以2.5米×3米或3米×4米为宜；矮砧或半矮砧树，一般株行距以2米×3米或2.5米×3米为宜。

②栽植时期 在秋末冬初落叶后和春季发芽前，均可栽植甜樱桃苗木。

秋末冬初栽植甜樱桃树，有利于根系愈合。开春时，樱桃根系活动早，早分生新根，早吸收水分和养分，使树体早进入生长期。但由于甜樱桃抗寒力弱，露地越冬力弱，一旦栽后防寒措施不到位，就会发生抽条或严重冻害，降低成活率。所以秋末冬初栽植，只适合于甜樱桃露地能安全越冬的地区和保护地。冬季有冻害的地区，进行秋、冬季栽植，必须采用有效的安全越冬措施。例如，栽后将一年生苗木弯成45°角左右，进行培土覆盖，待春季气温升高后，再去掉培土，进行定干。秋末冬初栽植，一般是在10月末至11月上旬(土壤结冻前)进行。

在北方露地，甜樱桃以春季定植为好，具体时间要因地而异。华北地区(如山东烟台等地)，多在3月中下旬定植；而东北地区(如辽宁大连地区)，则在4月上旬定植更有利于提高成活率。

③栽植方法 目前，甜樱桃的栽植，分沟栽和穴栽两种方法。

沟栽，先在全园按设计的株行距，挖好宽1米左右、深0.8米左右的通沟，并完成栽前土壤准备工作。在此基础上，按确定的株距挖定植穴，穴的大小要根据苗木根系大小而定，以保证根系在穴内有充分舒展的空间。

穴栽，是在全园没有挖定植通沟的条件下，所采取的栽植方法。进行穴栽时，定植穴要大，具体大小要依土质而定。山坡土层薄的地段，穴要大，一般直径为1～1.5米，深0.8米左右；平地土层较厚地段，穴可适当小些，一般直径为0.8～1米，深0.6米左右。

不论是沟栽还是穴栽，栽植时都要提住苗木主干，使苗木直立于定植穴中间，先培土至根颈部，再向上轻稳提苗木，使苗木根系充分舒展，然后边培土边踏实。培土踏实后，苗木嫁接部位应与地面齐平，或高于地表5～10厘米；矮化中间砧苗木则应使其下接口与地面齐平（图3-5）。

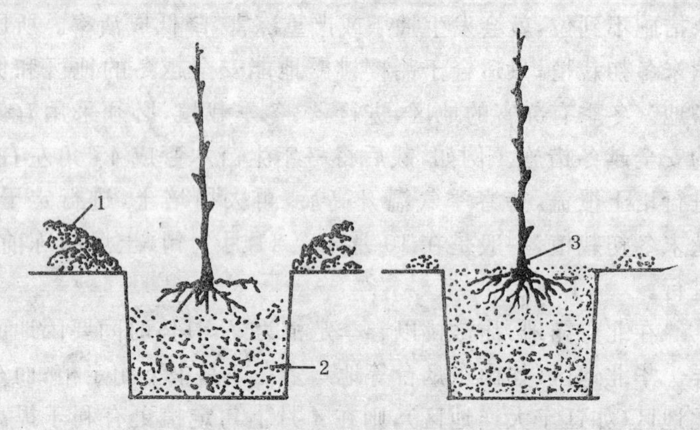

图3-5　甜樱桃苗木栽植方法

1. 表土　2. 生土＋秸秆＋有机肥　3. 接口与地面相平

④授粉树配置　甜樱桃品种大多自花结实率很低或自花不实；即使是自花结实品种，没有授粉树也会降低坐果率和产量。所以，建园时必须合理配置授粉树。授粉树品种的花粉与主栽品种花的柱头，要有很好的亲和力，并花期相遇。同时，授粉树品种有较好的丰产性，果实商品价值较高，花粉量较大。露地栽培的授粉品种，要具有对当地自然条件较强的

适应能力。保护地栽培的授粉品种，应与主栽品种有相近的低温需求量。甜樱桃主栽品种的适宜授粉树品种组合如表3-1所示。

表3-1 甜樱桃主栽品种适宜授粉品种组合

主栽品种	适宜授粉品种
红 灯	佳红、巨红、红蜜、红艳、大紫等
美 早	萨米脱、先锋、拉宾斯、雷尼等
萨米脱	拉宾斯、斯坦勒等
早大果	抉择、奇好、极佳等
莫 利	红灯、拉宾斯、先锋、早红宝石等
大 紫	红蜜、红艳、那翁、宾库等
先 锋	宾库、雷尼、拉宾斯、那翁、斯坦勒等
巨 红	佳红、雷尼、红灯等
雷 尼	宾库、先锋、佳红、巨红、拉宾斯等
早红宝石	抉择、极佳、乌梅极早、早大果等
5-106	红灯、红艳、佳红、8-129等
8-129	红灯、红艳、雷尼、巨红等
8-102	红艳、巨红、佳红等

授粉品种树的数量，露地栽培的，一般为主栽品种树的20%～30%。保护地栽培的甜樱桃树，花期树体处于封闭、半封闭状态，授粉条件较差，授粉品种树的比例应适当高于露地栽培的，一般不能低于30%，在品种组合上要不少于3个品种。

授粉树的栽植方式，平地园一般是单独成行栽植，每隔3～4行栽1行授粉树。

(4)栽植后的管理

苗木定植后,要及时进行一些必要的管理。首先,要灌一次透水,通过水的渗透使根系与土壤充分密切结合。这是提高栽植成活率的一项重要措施。其次,灌水后要及时松土,防止土壤板结和减少水分蒸发,以利于保墒。使苗木定植后能尽快恢复根系生长、提高成活率的另一个重要条件,就是提高地温。为此,在能够保持适宜墒情的情况下,要尽量减少灌水次数,增加中耕松土次数。第三,中耕松土后应尽量覆盖地膜。这样,有利于保墒和提高土壤温度。必须注意的是,覆膜一定要在中耕后进行。如果在灌水后立即覆膜,由于这时土壤水分处于饱和状态,覆膜后水分蒸发又很慢,会使膜下造成高温高湿条件,导致苗木烂根,因而降低栽植成活率和严重影响幼树生长发育。第四,到6月份要视气候情况,及时除去覆盖的地膜,最好随之覆草。第五,为防止苗木定植后因风刮等原因而导致倾斜,有条件的最好以木棍或竹竿为支柱,对苗木进行固定。第六,定植后到展叶前,要严防食叶性害虫(金龟子、象甲等)对芽和幼叶的危害。如能在苗木定干后,用长20～40厘米、宽6厘米左右的塑料袋,将前端(整形带)部位套上,并将袋的底部扎紧,则既可有效防止害虫危害,又有防止大风抽干的作用。展叶后,要及时摘除塑料袋。

第四章　土肥水管理

一、土壤管理

1. 认识误区和存在问题

(1)对土壤管理制度缺乏了解

在应用某种土壤管理制度时，没有采取相应的配套措施，致使这种制度的缺点没能得到克服，因而对甜樱桃的生长发育造成不良影响。例如采用清耕制时，没有增施有机肥和充分利用野生绿肥，导致土壤结构遭破坏，肥力下降。在实行生草制时，对生草没能很好地控制，特别是非豆科草种没有及时刈割，出现生草与樱桃争水、争肥的问题。在覆盖制中，不能长期坚持，又不及时翻压，引起根系上返、分布变浅等。

(2)土壤作业中伤根

在扩穴深翻、中耕刨盘等作业中，没有充分注意根系的保护，或因深度不当而伤及大根，影响树的正常生长发育，严重者因伤根而诱发流胶等病害。

(3)间作不合理

有的在樱桃树行间种植高秆作物，影响樱桃树的通风透光；有的间种作物根系强大，吸收力很强，或间种作物离树太近，造成与樱桃争肥争水；有的间种作物与甜樱桃树易发生相同的病虫害，因而加大了防治病虫害的难度，等等。

(4)有机质含量低

深翻时没有增施有机肥，这样，深翻只起到疏松土壤的作用，而不能同时增加土壤有机质含量，土壤肥力得不到提高。

(5)水土保持工程不到位

有些果农在樱桃园栽树前，没有完成水土保持工程的建设和土壤改良，栽树后仍迟迟不采取补救措施，因而造成山丘、坡地果园水土流失严重，土壤理化性能退化，不能满足树体生长发育的需要。

2. 提高土壤管理效益的方法

(1)建设水土保持工程

山丘、坡地樱桃园，在栽树前没有完成水土保持工程建设的，要在栽树后尽早完成。这样既可在树体较小期间进行田间作业，又可减少对根系的伤害，使水土保持工程尽快发挥作用。

(2)深翻改土

栽树前没能进行全园深翻改土的樱桃园，最迟应在栽树后3～5年内，开展深翻扩穴工作。

平地樱桃园的深翻扩穴，是每年或隔年从原栽植穴的边缘，向外挖一条环状沟，一般沟深60厘米、宽50厘米左右，从沟中翻出不利于樱桃生长发育的黏土和碎石等，回填肥沃的壤土和农家肥。黏重和易板结的土壤，还要适量掺沙改土(图4-1)。环状沟逐年扩展，直到相邻两株之间的深翻沟接通为止。

山丘、坡地樱桃园，可采取半圆形扩穴法，把每株树分两年完成扩穴，这样可避免或减轻对根系的伤害。穴是从距树干1.5米左右处开挖，一般深、宽各50厘米左右。边挖沟，边

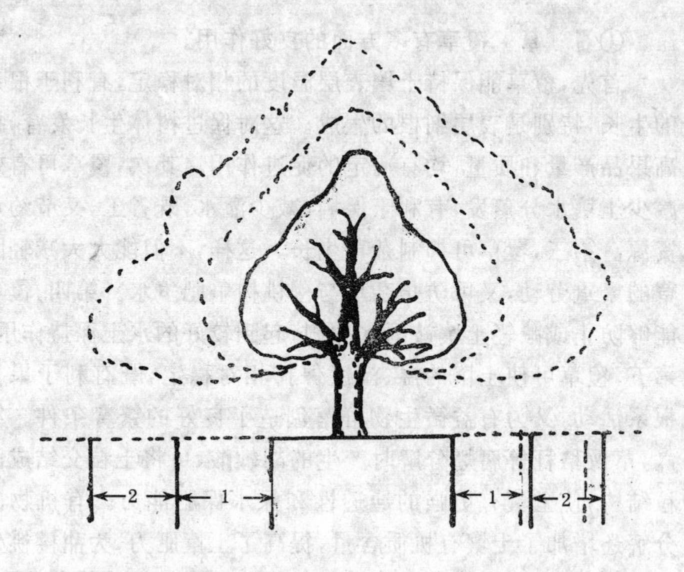

图 4-1　深翻扩穴

填入肥沃的壤土和有机肥。

无论哪种深翻扩穴方法，回填都要分层进行，一定要随回填随踏实。填平后，要立即灌水，使回填土充分沉实。在深翻、回填作业中，要注意保护根系，尤其是不能伤害粗根，并要使根系按原方向在沟中完全伸展开。

我国大多甜樱桃优势产区（主要在北方），深翻扩穴的适宜时期是在秋季（8 月下旬至 9 月下旬）。这个时期气温较高，有利于有机肥的分解。此期间又处于根系活动活跃时段，扩穴后有利于受伤根系的恢复。

深翻扩穴要与秋施基肥相结合，这样效果更好。

（3）地面覆盖

地面覆盖，是甜樱桃栽培中运用较多的一种土壤管理方法，它分覆草和覆膜两种。

①覆　草　覆草有多方面的良好作用。

首先，覆草能保持土壤表层温度的相对稳定，有利于根系的生长，特别是表层细根的生成。这对促进树体生长发育，提高果品产量和质量，均有一定的促进作用。其次，覆草可有效减少土壤水分蒸发，有利于保墒，减少灌水，既省工，又节约水资源。第三，覆草可抑制杂草生长。这样，不但能大大减轻除草的繁重劳动，又可防止杂草与樱桃树争肥争水。第四，覆草能够防止或减轻土壤被雨水冲刷，起到较好的水土保持作用。第五，覆草可使土壤的温、湿度保持相对稳定，既有利于果树根系活动，又为有益微生物群落创造了良好的繁育条件。第六，草及秸秆等腐烂分解时产生的胡敏酸，可将土粒交结成团粒结构，使土壤有更强的通透性和保水保肥能力。有机物的分解还增加了土壤有机质含量，提高了土壤肥力，为甜樱桃生长发育提供了良好的条件。

图 4-2　树盘覆草

覆草时间一般以夏季为好，因为这个时期高温、多雨，有利于草的腐烂分解。在高温少雨年份，覆草还可以减少高温对表层根系的伤害，有保护根系的作用。

覆盖的材料，有麦秸、豆秸、玉米秸、稻草和野生杂草等多种。覆盖量一般为每 667 平方米 2 000～2 500 千克。如果覆盖材料不足，要首先集中覆盖树盘。覆盖厚度多为 15～20 厘米(图 4-2)。

覆盖作业要注意以下问题:第一,把秸秆切成长5厘米左右的小段,撒上尿素或新鲜的人、畜尿,将秸秆堆成垛,经初步腐熟后再覆盖。第二,覆盖前先浅翻土壤,覆盖后撒压少量泥土,以防止覆草被风吹走。第三,生长季喷农药时,要向覆盖物喷施,以消灭潜伏其中的害虫。第四,要采取措施有效防治地下鼠害。第五,覆盖后若出现叶片颜色变淡,表明氮素不足,要及时喷一次0.3%~0.4%的尿素。第六,雨季要及时扒开水路,以便于排水。对土壤黏重和涝洼地樱桃园,不宜提倡覆草,因为这些果园覆草后容易造成雨季积水,引起涝害。第七,实行覆盖的樱桃园,若因条件所限不能连年进行覆盖,则应在停止覆盖后采取防旱、防寒措施保护根系,使其通过锻炼后,逐渐适应不覆盖的环境条件。

覆草的弊端在于甜樱桃在这种土壤管理下,根系容易上返,分布变浅,一旦不再覆草,浅层根系可能遭到高温、低温等不利条件的伤害。为克服这一缺点,覆草要长期坚持,不可时盖时扒。

②覆地膜 覆膜主要应用于露地栽苗期和保护地栽培中。

栽苗期覆膜,是为了提高地温,保持土壤水分,以利于苗木成活,提高栽植成活率。在保护地樱桃开花到采收期覆膜,目的在于降低棚内湿度,创造不利于病虫发生和防止裂果的环境条件。

覆盖地膜应在中耕松土后进行,否则,会因土壤含水分过多,土壤透气性降低,而影响根系生长发育。为了保证根系的正常呼吸和地膜下二氧化碳气体的排放,地膜覆盖带不能过宽;降雨后,要注意开口排水;新栽幼树苗木成活后,在6月份要及时撤膜,或在膜上盖草遮荫,以防止地面高温。要提高覆膜后的土壤透气性，在膜下覆草是最好的方法。

覆地膜时，要根据不同的使用目的，选用不同类型的地膜。无色透明地膜不仅能较好地保持土壤水分，而且透光率高，增温效果好。黑色地膜比较厚，对阳光的透射率在10%以下，反射率为5.5%，因而可杀死地膜下的杂草。其增温效果不如透明膜，但保温效果好，因而在高温季节和草多地区，多使用此种地膜。银色反光膜具有隔热和反射阳光的作用，其反射率达81.5%～91.5%，几乎不透光。所以，在夏季可降低一定地温，也有驱蚜、抑草的作用。但主要是利用其反光的特点，在果实即将着色前覆盖，以增加树冠内部光照强度，使果实着色好，提高果实品质。可控光降解膜，是在树脂中加入光降解剂，当日照积累到一定数值后，会使地膜高分子结构突然降解，成为小碎片或粉末状，不需回收，从而防止了土壤污染。其增温、保墒效果与透明膜接近。

(4)中耕松土

由于甜樱桃根系呼吸强度大，因而对土壤水分状况尤为敏感，既不能干旱，又要经常保持良好的土壤通气条件。因此，雨后和灌水之后的中耕松土，便成为土壤管理一项经常性的重要工作。特别是进入雨季之后，甜樱桃的白色吸收根向土壤表层生长，俗称“雨季泛根”。雨季泛根，说明土壤含水量过多，是深层土壤的透气性差所造成的。进行中耕，可以切断土壤的毛细管，减少土壤水分蒸发；防止土壤板结和返碱；保持适宜墒情，改善土壤通气状况；促进土壤微生物活动，有利于难溶态有机质的分解；提高土壤肥力；加深根系的分布。同时，铲除的杂草也可减少土壤养分的消耗。中耕深度一般以5～10厘米为宜。中耕次数要根据降雨情况和灌水次数及杂草生长情况而定，以保持园内土壤疏松和无杂草为标准。中耕时要注意加高树盘土壤，以防止雨季树盘积水造成涝害。

(5)行间间作

幼树期间，果园行间还有一定面积的空地。在非全园生草的情况下，为了提高土地利用率，增加果园经济效益，可在行间进行合理间作。间作必须注意以下问题：

第一，忌种高秆作物，以免影响树体通风透光。一般以种大豆、绿豆等豆科作物，或花生、地瓜、药材等矮棵且较耐踩踏的作物；根系过于强大的作物，不宜间种。

第二，留足营养面积，为甜樱桃留足一定的生长空间。应在树冠外留出 50～60 厘米的一条垄为空闲地，避免因间作物与树体离得太近，而与甜樱桃争肥争水。

第三，加强间作物管理。对间作物也要进行必要的施肥，以保持一定的土壤肥力。

第四，间作年限不能太长，一般栽后不超过 3 年。

第五，间作物与甜樱桃不能有相同的病虫害。例如，能同时危害甜樱桃和蔬菜有各种菜青虫、绿盲蝽、大青叶蝉和白蜘蛛等，故在秋季尽量不要间作蔬菜。同时，间作秋菜需经常大量浇水，也容易造成樱桃停止生长晚，对树体越冬不利。

二、施肥管理

1. 认识误区和存在问题

(1)对甜樱桃树的需肥规律认识不清，施肥不当

过去相当长一个时期，大多栽培者认为甜樱桃需肥量小于苹果等其他树种。基于这种偏见，因而在施肥中的单位面积或每 100 千克结果量的用肥量，大大低于苹果等树种。其实，甜樱桃树对肥料的需求量并不小于苹果等树种。认识的片面性，使生产中的供肥量不能满足甜樱桃的实际需求，从而影响了树体的生长发育和果实产量质量的提高。

甜樱桃从展叶、开花和果实发育，到果实成熟期的主要生长发育过程，都集中在全年生长的前半期(露地栽培者为 4～6 月间)。尤其是花芽分化始期，是在落花后的 20～25 天前后，落花后 80～90 天就已基本完成，这要比人们长期以来一直认为的在采收后 10 天左右为大量分化期，要提前很多。事实表明，甜樱桃从展叶到落花后的 80～90 天，是养分集中大量需求期。不少栽培者对这一特性缺乏认识，不能在展叶前后至果实采收这段时间内，及时足量供肥。因此，供肥时期不当和供肥量的不足，成了甜樱桃生长发育不良，单产低，果品质量差的一个重要原因。

早春，我国大多数甜樱桃主产区的气温和土壤温度都较低，根系活动能力较弱，吸收的养分很有限。而这个时期又是甜樱桃生长发育的重要活跃时期。保护地栽培樱桃尤其如此。树体对营养需求量较大，根系的吸收远远满足不了这种需要。因此，增加越冬前树体营养的贮备，是解决这种供需矛盾的重要措施。这样，秋季施肥就显得十分必要。有些樱桃栽培者没认识到这一点，不重视秋季施肥，因而使甜樱桃前期的生长发育得不到营养保证。

甜樱桃在生命周期的不同阶段，对各种主要营养元素的需要量有所不同。3 年生以下幼树，树体处于营养生长旺盛期，对氮、磷需要量大。4～6 年生的初结果期树，除了要继续增加枝叶量外，更为重要的是，迅速完成由营养生长向生殖生长的转化，促进花芽分化是栽培管理的重点所在，因此这个时期对氮肥需要量相对减少，而对磷、钾的需要则有所增加。7

年生以后进入盛果期，树体在需要一定氮、磷保证其正常营养生长的同时，由于结果量逐增，而对钾和微量元素的需要量相对增加。在生产实践中，还有一些栽培者对这一规律认识不足，不分树龄，一律按 2∶1∶1 的三要素配比供肥，因而不能很好地满足甜樱桃在不同年龄时期对养分的需求，造成养分失调，树体生长发育不良，产量降低，果品质量差。

(2)不能根据不同栽培方式采取不同的施肥技术

甜樱桃在露地和保护地不同的栽培条件下，很多生长发育特点表现出明显的差异，特别是营养需求特点差异更为突出。保护地栽培的甜樱桃，其各个物候期都要比露地栽培提早，保护地条件下的甜樱桃生长前期对养分的需求更强烈。但迄今为止，还有很多栽培者没认识到这一点，机械地把露地栽培施肥技术照搬到保护地栽培中，追肥仍从开花开始。这种首次追肥偏晚的做法，无法满足甜樱桃生长前期对养分的需求，生长结果必然受到影响。

(3)不重视农家肥施用

目前，我国还有相当一部分甜樱桃栽培者，对农家肥的作用认识不足，生产中过分偏重使用化肥，而少用甚至不施用农家肥。这就造成了一系列不良后果，如土壤板结，有害元素积累增多，有机质含量减少，土壤肥力下降，根系环境和有益微生物繁衍条件恶化等。保护地栽培不施或少施农家肥，过量施用化肥，危害更为严重，最突出一点就是土壤盐渍化日趋加重。土壤盐渍化会使树体对养分、水分的吸收失去平衡，甚至导致缺素症的发生，轻者树体生长发育不良，果实产量减少，品质下降，重者树势严重衰弱，甚至造成死树现象的发生。

(4)忽视微量元素肥料的作用

甜樱桃树在生长发育过程中，既需要充足的氮、磷、钾常量(大量)元素,也需要一定的锌、铁、硼等微量元素。但人们在生产施肥中往往忽视这一点,甚至误认为只要正确施用氮、磷、钾三元素肥料,树体就能生长发育良好,高产优质,因而从来不施用微量元素肥,结果导致多种缺素症的发生。因微量元素用量不足或不施用微量元素,而使生产遭到损失的现象时有发生。

(5)平衡施肥上存在问题

对甜樱桃而言,平衡施肥最主要的内容是在两个方面,一是根据不同树龄(年龄时期)确定合理的三要素配比,二是从土壤肥力实际出发,灵活增减三要素的施用量。而当前的甜樱桃生产,恰恰在这两个方面存在问题。不少果农在施肥中,不管多大树龄,不管什么类型的土壤和养分含量的多少,都一概使用 2∶1∶1 的三要素配比,结果造成三要素比例失调,不能很好地满足树体生长发育的需要。

(6)无公害生产意识淡薄

当前,有相当一部分甜樱桃栽培者,无公害生产意识淡薄,在生产中不按无公害生产要求施用肥料,施用砷、铅、氯、镉等有害物质含量超标化肥的现象比较普遍;还有的使用未经充分腐熟的城市生活垃圾和人粪尿作肥料。使果品、土壤受到污染,产品无法达到无公害标准。

2. 提高施肥效益的方法

(1)掌握甜樱桃的需肥规律

从甜樱桃需肥规律和特点出发,对其施肥要注意以下几个问题:

第一,增加总体施肥量,使对甜樱桃的施肥水平不低于苹果等其他树种的施肥水平,每生产 100 千克果实的磷、钾肥用量，甚至可略高于对苹果等树种的施用量。

第二，要重视秋季施肥，为甜樱桃树体越冬提供良好的营养积累条件。

第三，春季施肥在时间上要早，用量上要足。要从萌芽前后即开始抓起，以充分满足树体从萌芽到果实采收这一时期内，对营养的集中、大量需求。

第四，对不同年龄时期的甜樱桃，在施肥中要及时恰当调整三要素的配比。一般情况下，幼树、初结果树、盛果期树，其氮、磷、钾的适宜配比应分别为 2∶2∶1，1.5∶2∶1 和 2∶1∶2。

(2)确定适当的施肥时期和施肥量

①施肥时期

秋季施基肥 因气候条件差异，不同产区秋施基肥的时间略有不同。如辽宁大连地区多在 8 月中下旬至 9 月中下旬进行，山东烟台地区稍晚些，多于 9～10 月上旬进行。秋施基肥越早，效果越佳。早施，土壤温度较高，微生物活动还较旺盛，肥料可部分腐解矿化，释放出速效性营养元素。另外，在早秋根系还有一定的活动能力，受伤后容易恢复和发生新根，并可吸收一部分养分，增加树体越冬前的养分贮备，为提高越冬能力和促进下一年的生长发育，打好基础。

生长季追肥 生产实践表明，甜樱桃树追肥分四个时期进行效果很好。

一是萌芽期适量追肥，能明显提高坐果率和促进枝叶生长。此期可以追施腐熟的人粪尿或樱桃专用肥，或氮磷钾三元复合肥等速效性多元素复合化肥。

二是花期追肥，对促进开花、坐果和枝叶生长都有显著的作用。此期一般以根外追肥为主，于盛花期喷施 0.2% 尿素+0.3%硼砂的肥液。

三是花后追肥。此时正值幼果生长和花芽分化期，养分需求量大，容易造成养分竞争，适期追肥尤为重要。可在落花后 10～15 天开始，至采收后一个月左右，每隔 7～10 天喷施一次叶面肥。肥料以磷酸二氢钾和活力素为主，也可配合喷施其他种类的叶面肥。

四是采果后追肥。果实的生长发育和花芽分化对树体养分消耗较大，采果后树势需要恢复。另外，此时花芽分化还在继续进行，需要一定的营养。因此，采果后应追施腐熟人粪尿、猪粪尿、豆饼水或复合肥等速效性肥料。

②施肥量

基肥施用量 幼树至初结果树，一般每株施猪圈粪 100 千克，或纯鸡粪 20 千克，或人粪尿 30～60 千克。盛果期树，一般每株施猪圈粪 150 千克，或纯湿鸡粪 30 千克，或人粪尿 60～90 千克。基肥是树体营养的最主要来源，其施用量一般约占全年用肥量的 70%左右。每种肥料的具体施用量，应根据树势、产量和土壤质地来确定。

追肥施用量 盛果期树，每次每株 1.5 千克专用肥或三元复合肥，幼树酌情减量施用。尿素每株每次的施用量，幼树为 0.1～0.4 千克，盛果期树为 0.5～1.0 千克。过磷酸钙施用量和尿素相同。

在施肥管理中，如果条件允许，应尽量实行测土配方施肥。如果受条件所限，不能采取测土配方施肥，也应根据对土壤养分状况的了解和施肥经验，科学配比三要素和适量施用微量元素肥，以达到平衡施肥，提高肥料利用率，减少有害物质在土壤中的残留，创造良好的适宜甜樱桃生长发育的土壤环境。

(3)选择适宜的肥料种类

选择肥料的原则一般是，有利于改善土壤结构和提高土壤肥力；能够全面均衡供应甜樱桃所需各种营养元素，有利于防止缺素症的发生；各种肥料配合施用后，能从整体上增强肥效，有利于提高肥料利用率；避免或减少有害物质的残留，防止或减少对土壤、水源等生态环境和果实的污染；保护地栽培要选用有利于防止或减轻盐渍化现象的肥料。

肥料从整体上分农家肥和化肥两大类。

①农家肥 农家肥优点很多，它来源广泛，成本较低；养分全面，大多富含有机质和腐殖酸，有樱桃所需的大量营养元素和多种微量元素、激素与维生素，肥效期长，能够从整体上改善土壤状况。农家肥的不足之处，在于其养分以有机态存在，必须经发酵分解后才能被树体吸收利用，肥效较缓慢。生产中常用的农家肥有以下几种：

人粪尿 人粪、尿含氮量较高，是速效性肥料，极易挥发损失。用作追肥时，施后应立即封土盖严。用作基肥时，也可和堆肥、厩肥等混合堆制后施用。

禽粪 是鸡、鸭、鹅粪的总称。这类粪含肥量高，富含磷元素，氮、磷、钾含量比较均衡。新鲜的禽粪要经过堆积腐熟，并掺土拌匀后，才能使用。其分解速度慢，可作为基肥使用。

畜粪 是指猪、牛、马、羊圈中的粪便。这些粪中大多掺有大量的杂草、秸秆和土。养分含量全，肥效也较高，施用后能改良砂土地的保水保肥性能和黏土壤的通透性，增加土壤团粒结构。

人粪尿、畜禽粪便等农家肥，必须经充分腐熟后施用，否则易伤害根系，并可能对土壤和果品造成污染。

饼　肥　饼肥包括棉籽饼、大豆饼、芝麻饼、蓖麻饼和菜籽饼等。饼肥富含60%以上的有机质，氮、磷、钾含量都较高，施用后可明显提高甜樱桃的含糖量。饼肥既可用作基肥，也可用作追肥。用作基肥时，要先在饼肥中加水和杀虫剂后堆放，进行发酵、腐化，杀死饼中虫卵后才能施用。用作追肥时，要把饼肥放在池、缸中，加3～5倍的水，适量加杀虫剂腐化1个月左右，用时再添加水，使之稀释后浇入树盘下的施肥沟中。

堆　肥　以作物的秸秆，如玉米秆、稻草、麦秸、杂草、树叶等为原料，进行堆制。堆制时，必须有一定的温度、湿度和微生物活动，才能使之腐化。所以，应在肥堆里掺入70%左右的水，少量的牛马粪和人粪、碳酸氢铵等含氮物质。作物秸秆要铡成6～10厘米的小段，和以上物质充分混合后堆成堆，外表封土，使内部温度达到30℃～65℃，进行分解腐化。

土杂肥　常用的有草木灰和炕土等。草木灰是一种速效性钾肥，属于碱性肥料，不能与硫酸铵、硝酸铵等铵态氮肥混存混用。炕土是一种含有氮、磷、钾的热性肥料，呈微碱性。

绿　肥　凡是以植物的绿色部分，耕翻入土中，用作肥料的，均称为绿肥。绿肥能增加土壤有机质，改善土壤结构。常用作绿肥栽培的植物，有苕子、草木樨、田菁、柽麻和苜蓿等。

②化学肥料　化学肥料(化肥)，又称无机肥料或商品肥料。其优点是养分含量高，肥效快；其缺点是养分较单一，肥效期短；大多不含有机质，不利于土壤结构的改善和肥力的提高，长期单纯使用会引起土壤板结；有些化肥其残留物质还能对生态环境和果品产生污染。

生产中常用的氮肥，有尿素、碳酸氢铵和氯化铵等。

尿　素　含氮量为44%～46%，系白色固体中性氮肥，易溶于水，适合各种土壤施用和叶面喷施。土壤施用时，为防止淋失，要深施盖土，施后不宜灌大水。尿素中含有缩二脲，当这种物质的含量达到2%～5%时，用于叶面喷施就容易产生毒害。

碳酸氢铵 为弱碱性氮肥，氮含量为17%左右。易溶于水，肥效快，在土壤中无杂质残留，不破坏土壤结构，适于各种土壤施用。其缺点是不稳定，在潮湿和高温(30℃)条件下分解成氨、二氧化碳和水。应在干燥低温条件下贮存，包装必须严密。施用时要随施随覆土，并及时少量灌水。不可与酸性肥料混合施用。

硫酸铵 简称硫铵，为弱酸性氮肥，含氮量为20%～21%。易溶于水，肥效快。常温下不挥发。较纯的硫铵吸湿性较小，只有在温度较高、湿度较大条件下才吸湿结块。硫酸铵的营养成分为铵离子，硫酸根残留于土壤中，长期大量施用会使土壤发生不良变化。硫酸铵不能与碱性肥料混合施用。

氯化铵 简称氯铵，为弱酸性肥，含氮量为24%～25%。易溶于水，肥效快。它只有铵离子被果树吸收利用，氯离子和其他杂质残留于土壤中，易引起土壤酸化和盐渍化。甜樱桃对氯十分敏感，所以在甜樱桃栽培中应尽量少施或不施用氯化铵。

氨　水 为碱性氮肥，含氮量为12%～17%。挥发性很强，要放在阴凉处密封贮存。可作追肥用。施用时，要对水稀释成30～40倍液，在树冠投影外侧10～20厘米处开沟施入。沟深20～30厘米。施入后应立即覆土，以防止挥发损失。在高温条件下，氨易对樱桃茎叶产生伤害，所以应避免氨水直接与叶片或枝条接触，禁止在高温不透风条件下的保护地覆盖期间施用氨水。

生产中常用的磷肥有过磷酸钙、钙镁磷肥和磷矿粉等。

过磷酸钙 又名过磷酸石灰，简称普钙，其主要成分是水溶性磷酸一钙和50%左右的石膏，其含磷量为12%～18%。可作追肥和基肥用，与农家肥混合后作基肥效果更好。该肥由于有游离酸的存在，而呈酸性，故不宜与碱性肥料混合施用。贮存时应置于干燥阴凉处，以防吸湿结块和被淋失。

钙镁磷肥 是以磷矿石、蛇纹石和橄榄石为原料，在高温下熔融后，经水淬冷却，再粉碎磨细而制成的。它含磷14%～20%，还有25%～30%的氧化钙，30%左右的氧化硅，15%～18%的氧化镁。钙镁磷肥不溶于水，而溶于20%的柠檬酸，为中性肥料。吸湿不结块，无腐蚀性，便于贮存和运输。

磷矿粉 是以天然磷矿石为原料，用机械方法粉碎磨细而制成。磷矿粉的主要成分为氟－磷石灰，含磷量为10%～25%，其中3%～5%的磷可溶于弱酸，被吸收利用。在施用时要加大用量，一般应为其他磷肥用量的2～3倍。同时要注意深施。

目前应用较多的钾肥有硫酸钾、氯化钾和窑灰钾等。

硫酸钾 为化学中性，但因施用后有硫酸根残存于土壤中，所以属生理酸性肥料，长期大量施用容易使土壤板结。含钾量为48%～52%。吸湿性小，不易结块。

氯化钾 易溶于水，肥效快。虽为化学中性，但由于施用后有氯离子残留于土壤中，所以属于生理酸性肥料。含钾量为50%～60%。为防止对根系的危害，以在多雨季节施用为好。施用时，要将其与土壤充分混合。氯易引起和加重土壤盐渍化，而甜樱桃对氯又很敏感，所以一般不宜施用这种钾肥，特别是保护地甜樱桃最好不要施用氯化钾。

窑灰钾 是水泥厂的副产物，除含8%～12%的钾外，还含有钙、镁、硅、硫、铁等其他元素。贮存中要注意防止雨淋。窑灰钾肥碱性较强，适宜在酸性土壤中施用。不要把它与氮磷化肥同时混用。

复合肥指含有两种或多种营养元素的肥料。目前，应用较多的复合肥，有磷酸二氢钾和撒可富等。

磷酸二氢钾 为白色固体肥料，含钾 27%，磷 24%，多用于追肥。在果实发育期，叶面喷施 0.2%～0.3%浓度的磷酸二氢钾溶液，有明显提高果实品质的功效。

磷酸二铵 为白色或灰色颗粒，含氮 18%，含磷 46%。易溶于水，呈偏碱性。吸湿性小，既可作基肥，也可作追肥。

撒可富 为白色或灰色颗粒，氮磷钾含量均为 15%。有一定吸湿性。既可作基肥，也可作追肥。

活力素 为黄色或黄褐色颗粒，含磷、钾、硼、镁、铁、锌、硫、锰等多种营养元素和有机酸活化剂、络合剂及糖分，可以用来浸种或拌种，或者叶面喷施，也可用来进行根部浇施等。用以浸种时，溶液浓度为 500～1 000 倍液；作叶面喷施时，浓度为 500～800 倍液。

微量元素肥也是甜樱桃生长发育所必需的营养肥料，不施或施量不足，都会引起各种缺素症状，使树体发育受阻，果实产量、品质下降。所以一定要切实纠正那种只重视使用常(大)量元素肥料，而忽视施用微量元素肥料的偏见，科学施用树体所需的各种微量元素，使其得到全面的营养保障。微量元素肥料主要种类有以下多种：

硼　砂 纯品一般含硼 11%～11.43%或 36.5%。较易溶于水。多用于土施和叶面喷施。叶面喷施的浓度为 0.3%。

硫酸锌 含锌量为 24%～36%。可溶于水。土施和叶面喷施均可。叶面喷施浓度为0.3%。

硫酸亚铁 含铁量为19%～20%。易溶于水。多用于叶面喷施，浓度为0.3%。

硫酸锰 含锰量为24%～28%。易溶于水。既可土施也可叶面喷施。叶面喷施浓度为0.2%。

硫酸镁 含镁量为23%～30%。易溶于水。既可土施也可叶面喷施，叶面喷施浓度为0.3%。

(4)采取恰当的施肥方法

①土壤施肥 土壤施肥应尽可能地将肥料施在根系集中分布的区域，以便充分发挥肥效。甜樱桃的吸收根系多分布在树冠下10～40厘米的土层中，其根颈部位的根系主要起输导和贮藏营养的作用，只有在树冠外围及枝梢垂直于地面地带的根系才是主要吸收根系。无论是追施化肥还是追施有机肥，都要根据根系的分布特点进行作业。施肥后要及时覆土和灌水。

环状沟施肥 此种施肥方法适用于基肥的施用，幼树期一般结合扩穴进行。第一年秋施基肥时，是在树冠投影处的两侧各挖一条深30～40厘米，长约树冠1/4的半圆形沟，将1∶1～3比例的有机肥与土及一定数量的化肥，掺匀后回填。有机肥料的施入层不要过深，一般以在15～40厘米深的土层内为好。第二年，依此方法将肥料施入树冠的另两侧(图4-3)。

条沟或半环状沟施肥 适用于土壤追肥和秋施基肥。在树的行间或株间开沟施肥，每年开一个方向的直沟或月牙形沟交替使用。沟长依树冠冠幅而定。施基肥时沟深30～40厘米。追肥时，沟应稍浅，挖15～20厘米深即可(图4-4)。

放射状沟施肥 这种方法适用于株行距较大的结果期树

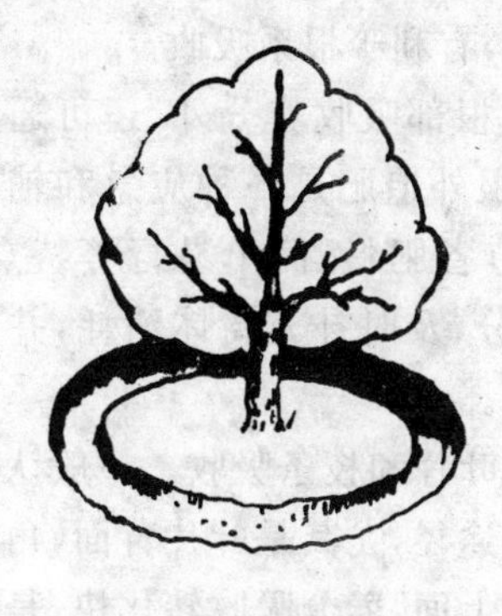

图 4-3　环状沟施肥

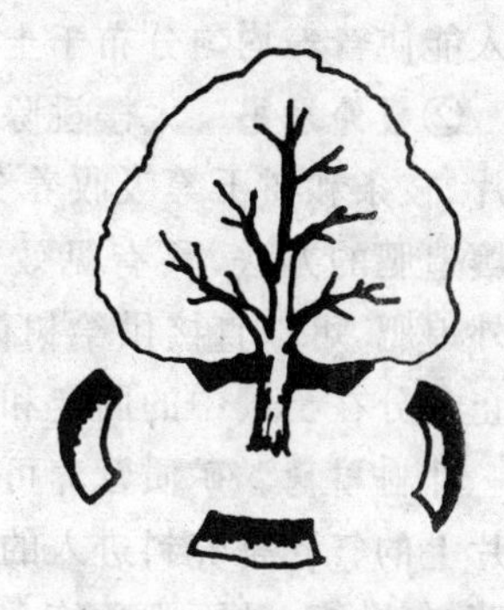

图 4-4　条沟或半环状沟施肥

的土壤追肥。从距树干 50 厘米处向外开始挖 6～8 条放射状沟，沟长至树冠的外缘。沟在树冠范围内的部分较浅，较窄，沟在树冠范围外的部分较深，较宽。沟深 10～15 厘米即可（图 4-5）。

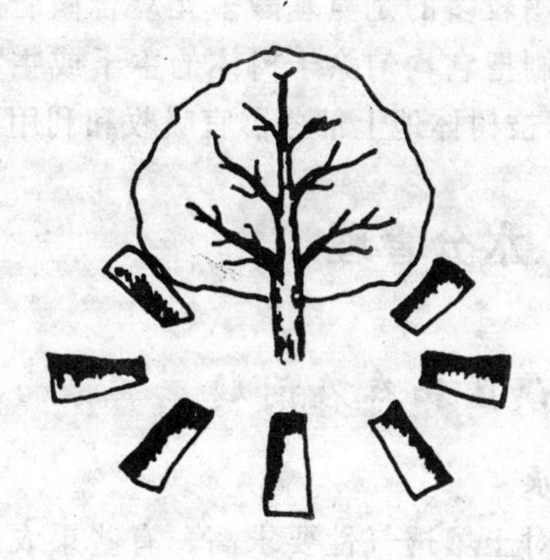

图 4-5　放射状沟施肥

上述几种施肥方法，在施肥时可交替使用。盛果期的大树，扩穴任务已基本完成。对它施肥时，交替使用环状沟、条沟及放射状沟施肥，会增加肥料的分布范围，利于根系的吸收。需要注意的是，挖沟时不要伤害较粗大的根系。

随水冲施　这是一种将速溶于水的冲施肥料，随浇水施入土壤的追肥方式。此法不用挖沟，可节省用工量，而且随水施入能使营养均匀分布于土壤中，有利于根系吸收。

②根外追肥 大樱桃除通过根部吸收养分外，还可通过叶片、枝条和树干等吸收养分。根外追肥是一种应急和辅助土壤追肥的方法，具有见效快、节省肥料、简单易行等特点。根外追肥，可以直接供给树体养分，及时补充树体消耗，并可防止养分在土壤中的固定和转化。

叶面喷施 矿质营养可通过叶片和枝条吸收。一般认为叶片上的气孔是养料进入的主要途径，尤其是叶片背面，角质层薄，气孔多，叶面肥喷施在它的上面，养分吸收转化快，是及时补充营养、防治缺素症的应急措施。一般在下午和傍晚或多云天气时喷施。此法可以与防治病虫害相结合，但要求两者之间无不良反应。

主枝或主干涂抹施肥 这是一种新型的根外追肥方法，将专用型的液体肥料(应用较多的是氨基酸多元复合微肥)，按一定比例稀释后，用毛刷把它均匀涂于树体的主干或主枝上，通过树皮的皮孔渗入，被树体地上部各器官吸收和利用。

三、水分管理

1. 认识误区和存在问题

(1)不能适时适量灌水

甜樱桃根系分布浅，对土壤透气性要求高。有些果农对甜樱桃的这一特性缺乏了解，在生产中采用大水漫灌的方法，进行供水。大水漫灌，会降低土壤透气性，使土壤空气含量低，不能满足根系的需求，从而影响树体的生长发育。有些生产者不能根据甜樱桃不抗旱涝的特性及时适量灌水，甚至在土壤含水量低于田间最大持水量50%以下时还不灌水，因而导致各种旱象的发生，严重影响树体的发育，使果实产量质量下降。还有的只注意防旱，而忽视了排涝。在雨季大量降水，地面已有积水时，仍不采取排涝措施，使树体遭到涝害，轻则生长发育不正常，影响下一年的坐果率，重则出现死树现象。甜樱桃在不同的生育期，对水分的需要量是不同的。不少栽培者不重视这一点，对各生育期的灌水量不区别对待，而供应相同的水量，这样就产生了在需水量大的时期供水不足，或在需水量小的时期供水过剩的不合理供水情况。

(2)果实发育期供水不当

有些果农在甜樱桃果实发育前期供水不足，使土壤处于长期干旱的情况下；而在采收前，则大量灌水，从而引起严重的裂果。

(3)采后缺水

还有些果农误认为甜樱桃采收后，肥水管理无关紧要，因而不及时灌采后水，使甜樱桃树势恢复和花芽后期分化受到不利的影响。

(4)节水意识淡薄

目前，大多数生产者对水资源匮乏还缺乏足够的认识，节水意识淡薄，仍沿用传统的明渠漫灌方式进行果园灌水，造成了水的浪费。改革灌溉方式，是目前应尽早解决的大问题。

2. 提高水分管理效益的方法

(1)少灌勤灌

针对甜樱桃根系分布浅，对土壤通气性要求高的特性，灌溉时要遵循少量多次的原则，既在总体上保证树体对水分的需要，又不一次灌水过多。

(2)适时适量灌水

根据甜樱桃的生物学特性，在不同的生育期适时供水。一般认为，土壤含水量为田间最大持水量的60%～80%，比较有利于根系活动，适合树体生长发育。当土壤含水量低于田间最大持水量的60%时，就应及时适量灌水。如有条件，应利用仪器测定土壤含水量。若不能用仪器测定，则可根据手感来判断土壤的墒情(表4-1)。

表4-1　土壤各级墒情的大致含水量　(%)

墒情类别	干　墒	灰　墒	黄　墒	褐　墒	黑　墒
感觉反应	手握土感觉无湿意	手握土稍感有湿意	手握土感到湿意	手握土可成团手上有湿痕迹	手握土时可挤出水迹
土壤相对含水量	50%以下	60%左右	70%～80%	80%～90%	90%以上

注：土壤相对含水量＝田间绝对含水量/田间最大持水量×100%

就大多数果园而言，应在甜樱桃的几个重要生育时期，应视天气情况，适时适量地灌水。

①**萌芽水**　主要是在保护地栽培中进行。露地栽培是在无降雨的情况下灌萌芽水。灌萌芽水有利于根系活动，促进萌芽整齐。此次灌水要适中，以灌透为度。

②**花前水**　灌花前水，主要目的是保证甜樱桃花期对水分的需求。在经常遭遇晚霜危害的地区，灌花前水能降低地温而使花期延迟，有利于防止霜冻对花器官的危害。如果开花前土壤含水量不低于田间最大持水量的75%，也可不灌水。此次灌水量不宜过大，以“水一流而过”为度。

③**催果水**　催果水一般在落花后15～20天灌溉。此期为幼果膨大期，同时也是花芽分化开始期，如土壤水分不足，会影响幼果发育和花芽分化，缺水过多会引起落果。在这个

时期，当10～30厘米深土壤含水量低于田间最大持水量的60%时，就应及时灌水，但不宜灌大量水，灌后能润透土壤30～40厘米深即可。

④**采前水** 采收前10～15天，是甜樱桃果实膨大的最快时期，如果缺水，则果实发育不良，产量低。这次供水应在前期水分供给正常、土壤不十分干旱情况下进行。如果前期供水不足，土壤严重干旱，灌水量大时容易引起裂果。这点必须注意。水量过大还会降低果实含糖量，影响果品质量。一般这次的灌水量，以相当催果水的2/3为宜。

⑤**采后水** 为尽快恢复树势和确保花芽后期分化的正常进行，在果实采收后应灌一次透水，并可结合施肥进行。有少部分果农见树上没果了就忽视了采后的灌水，这是不对的，应予以纠正。

⑥**封冻水** 在土壤封冻前灌一次水，可以缓和甜樱桃根际的温度变化，对于保证树体安全越冬，减轻花芽冻害，均有较大的作用。在春季干旱地区，灌封冻水更为重要。这次水要灌透，以灌后能润透土壤50厘米左右深为好。

(3)采用节水灌溉技术

目前，在生产上应用较多的节水灌溉技术，有滴灌、喷灌和渗灌等。

①**滴　灌** 这是一种机械化和自动化相结合的先进灌溉技术。它能使水滴或细微水流缓慢地滴至树体根际土壤范围内，水资源利用率高。滴灌对于露地和保护地均可应用。

②**喷　灌** 通过相关设施，把灌溉用水喷到空中，使其形成细小的水滴，再洒落到地面上。这种技术不但节水，还能减少对土壤结构的破坏，改善果园内的局部小气候。喷灌只适宜于露地樱桃园应用。

③渗　灌　这是利用地下渗水管道将水渗入土壤中，借助土壤的毛细管作用湿润土壤。这一节水技术，不破坏土壤结构。但在应用时要注意防止渗水管被堵塞，因此可在各渗水孔处安装比渗水管稍粗的塑料管护套。渗灌对于露地和保护地均适用。

(4)应用农业节水技术

为了有效节约灌溉用水，还可应用其他多种节水措施。各甜樱桃主产区的节水经验表明，以下措施对节水是有效的。

①覆　草　所用材料可因地制宜，秸秆、稻草、树叶及杂草等，均可利用。生产实践表明，覆草能有效减少土壤水分蒸发，使土壤长期保持一定的湿度，减少灌溉次数或用水量，节水效果明显。

②覆　膜　春季灌水后及时覆盖薄膜，对减少土壤水分蒸发作用很大。一般持效期可达 30 天左右。特别是春季栽苗后，及时覆盖薄膜不但能保水，还可提高地温，是一项有效的节水措施。

③根施保水剂　用于根施的保水剂主要有两种，一种是丙烯酰胺，另一种是淀粉丙烯酸盐共聚交联物。使用时，要将其与土壤混合均匀，保水剂与土壤的比例为 1：1 000～2 000。幼树定植时，每株穴施保水剂 20～30 克；成龄树，每株穴施 50～100 克。使用保水剂时，一定要将其施在根系分布区土壤中。施后，要定期检查土壤墒情，适时补水。雨季要及时排水。

④应用抗蒸腾防护剂　抗蒸腾防护剂，是一种高分子网状结构合成材料，使用后可在果树枝干和叶片表面形成保护膜，从而降低叶片与枝干的水分蒸腾强度，起到保水作用。防护剂分子间的孔隙具有良好的通透性，对果树的吸收和光合

作用无任何不良影响。其使用要领是：液体产品，将其稀释15～20倍液后可直接施用；固体产品，要用20℃～35℃的水稀释300～500倍，再放置48小时以后即可使用。如果水温低于20℃，则要延长放置时间。稀释防护剂时，先在容器中放一定量的水，然后缓慢倒入防护剂，边倒边搅拌，防止形成块状。搅拌时间以长一些为好，一般在2小时以上。喷施时，气温不要低于5℃，风力小于3级。

⑤应用抗旱生长营养剂 目前，国内推广的主要有旱地龙、抗旱型喷施宝和高脂膜三种。这些制剂中含有多种果树需要的营养物质，能促进果树生长，降低功能叶片的蒸腾强度，维护树体水分平衡，进而起到节水作用。

⑥采取中耕松土保墒措施 中耕松土，既可防除杂草，又能切断土壤毛细管，减少土壤水分蒸发，从而既能减少杂草与树体争水，又能保蓄水分，对节水、保墒、防旱很有作用。一般中耕深度为10～15厘米。在山东和辽宁甜樱桃产区的果农，有春季浅刨树盘的传统做法，这是北方春季干旱地区抗旱、保墒的一项有效措施。刨树盘时要注意防止伤害较粗的根系。

(5)及时排水，有效防涝

要选择在不易积水的地段建园。建园前，要尽量建设好排水工程，在果园内形成有效的排水系统。在雨季来临之前，要及时疏通排水渠道。这对于平地甜樱桃园尤为重要。具体做法是，在行间挖深30厘米、宽40厘米左右的排水沟，并使行间排水沟与四周排水沟相通，以便及时排除积水。

第五章　整形修剪

一、认识误区和存在问题

1. 对甜樱桃与整形修剪有关的特性了解不够

甜樱桃的生长结果特性，与苹果、梨及其他核果类果树有很多不同之处，很多生产者对这些了解不够。

甜樱桃幼龄期生长势很强，表现出很强的生长极性，剪口下只抽生 3～5 个长枝，中枝和短枝很少，其余的萌芽不抽枝或形成叶丛枝。顶端的枝条易形成强旺枝，对养分和水分的竞争力很强，致使中下部枝条光照不足，养分缺乏。如不及时进行人工调控，会造成树体中下部光秃。

甜樱桃的芽具有较强的早熟性，经生长季摘心和扭梢等修剪，在一年的生长季中可发二次枝和三次枝。这一特性有利于增加枝量和迅速扩大树冠。

顶端优势使枝条上部的芽抽生成强壮枝，中部的芽抽生成中庸枝，下部的芽形成叶丛枝或潜伏芽。这种现象年复一年地出现，就形成了层性。甜樱桃有较强的层性。层性是树体整形，骨干枝、辅养枝选留和修剪程度的确定依据。

甜樱桃在幼树时期分枝角度小，常形成“夹皮枝”，人工开张角度不适或负载量过大时，容易在分枝处劈裂，或分枝点受伤引起流胶，削弱树势，严重者致使枝条枯死。

伤口愈合能力较弱，所需愈合时间较长。如主干、大枝的伤口处理不当，则长时间不能愈合，从而引起流胶或木质部干裂，使树势受到削弱。

木质部导管较粗，而且组织松软，如果休眠期修剪（冬剪）过早，则剪口容易失水而形成干桩，从而伤及剪口或枝条向下干缩一段，影响生长。

甜樱桃的喜光性和生长极性均很强，修剪不当会造成外围枝量过大，上强下弱，内膛空虚。

甜樱桃的花芽是侧生纯花芽，修剪结果枝时，若将剪口留在花芽上，则剪留的部分结果以后因不能抽生新枝而死亡，这就减少了全树结果枝的数量，影响了产量。

不同品种的甜樱桃，其结果习性有所差异。有的品种以短果枝结果为主，有的品种以中、长果枝结果为主。修剪中必须根据不同品种的不同结果习性，采取不同的措施。

2. 对主要树形的优缺点缺乏了解

目前生产中，甜樱桃的树形主要有自然开心形、主干疏层形和改良主干形。这些树形的优缺点各有不同。如自然开心形，优点是修剪量小，成形快，进入结果期早，树冠开张，冠内通风透光，便于管理；其缺点是因树冠呈圆头形，有头重脚轻现象，抗倒伏力差。主干疏层形，优点是结果后树势中庸，结果部位比较稳定，不易外移，丰产稳产；缺点是修剪量大，前期产量低，调控不当易出现上强下弱现象。改良主干形，树体结构简单，骨干枝级次少，整形容易，通风透光，管理方便。

栽培者由于对上述主要树形的优缺点，缺乏全面的了解，在生产中难以根据品种栽培方式和管理水平等相关条件，选用适宜树形，使各种树形的优势不能得到充分的发挥。

3. 不能根据品种和树龄的特点采取不同的整形修剪措施

不同类型的甜樱桃品种，生长结果习性有很大差别。如那翁类品种，萌芽力强，成枝力弱，以花束状果枝结果为主；大紫类品种，成枝力强，以中、长果枝结果为主。对于生长结果习性不同的品种，其整形修剪措施应有所不同。

不同年龄时期的甜樱桃树，其生长发育情况不同，整形修剪的任务也各有所异。幼龄树是尽快完成整形，增加枝量，培养结果枝组；初结果树是在继续完成整形的同时，扩大树冠，增加枝量，培养结果枝组，为尽快过渡到盛果期创造条件；盛果期树是保持树势强健，促进高产、稳产，延长盛果年限；衰老期树是更新复壮，延长结果期和树体寿命。在管理中，要根据这些不同特性和栽培需求，采用不同的修剪技术措施。

目前还有相当一部分生产者，不能根据品种、树龄等情况的不同，做到因树修剪。

4. 重视休眠期(冬季)修剪，轻视生长期(夏季)修剪

甜樱桃的生物学特性，决定了它生长期修剪任务更重，作用更大。因此，在管理中应本着以生长期修剪为主、休眠期修剪为辅、生长期修剪与休眠期修剪相配合的原则。但是，目前仍有不少生产者没有认识到这一点，按照传统的落后技术或照搬其他树种的修剪技术，只重视休眠期的修剪，而忽视生长期的修剪，使整形修剪工作很不到位，很不合理。结果不但造成树形紊乱，还因树体过旺或剪锯口过大，而引起流胶或发生冻害。

5. 对各种修剪技术不能综合运用

甜樱桃的整形修剪措施很多。如休眠期修剪中，有短截、疏枝、回缩和缓放；生长期修剪中，有拉枝、摘心、剪梢、扭梢、拿枝、除萌(抹芽)、刻芽、疏枝和回缩等。这些技术措施的作用，既有相同的一方面，又有相互影响的一方面。对于这些技术措施，只有科学地综合运用，才能发挥更大的效能。有些栽培者没有充分认识和真正掌握整形修剪技术，在管理中不能综合运用，因而使整形修剪的效能得不到充分的发挥。

6. 有些生长调控技术应用不当

有人曾用 PP_{333}(多效唑)调节树体生长，称此为“化学修剪”，并在生产中对甜樱桃树连年使用。结果严重影响树体的正常生长发育，降低了果品质量。

有的栽培者不了解甜樱桃树体易流胶的特性，仿照苹果和梨等树种，主要通过环剥和扭梢等措施来缓和树势，结果造成流胶或枯死枝严重，对树体造成了严重的伤害，有的甚至导致死树现象的发生。

二、提高整形修剪效益的方法

1. 整形修剪的基本原则

甜樱桃生长结果特性与苹果和梨等树种有很大差异，生产中不能照抄照搬那些树种的整形修剪技术，应从甜樱桃生长发育的特性出发，采取适宜的整形修剪措施。

首先，要因树整形修剪。要根据不同品种、不同年龄时期、不同栽培方式、不同栽植密度和不同树势等具体条件，灵活运用整形修剪的技术措施。

其次，要统筹兼顾，合理安排。要根据栽植密度建造合理的树体骨架，做到有形不死，无形不乱，灵活掌握。对个别植株或枝条，要个别灵活处理，以便建造一个丰产稳产的树体结构，做到主从分明，条理清楚，整形跟着结果走，既不影响早期产量，又能建造丰产树形，使整形与结果两不误。

第三，要处理好轻剪和重剪的关系。在总体上，应以轻剪为主，轻中有重，重中有轻，轻重结合。轻剪和重剪的程度，要根据树体的具体情况而定。

第四，要从根本上改变重视休眠期修剪、轻视生长期修剪的不正确的修剪观念。要根据甜樱桃的生长发育特性，切实注重生长期修剪，做到以生长期修剪为主，休眠期修剪为辅，生长期修剪与休眠期修剪有机配合应用。

第五，在整形修剪中要始终注意开张骨干枝角度，使树势保持中庸，为丰产、稳产奠定基础。同时，要有效利用摘心、扭梢和拿枝等生长期修剪措施，加快树冠形成，促进花芽分化，使甜樱桃树早结果，早丰产。

2. 根据甜樱桃生物学特性采取相应的整形修剪措施

甜樱桃树顶端优势明显，若修剪措施不当，则常出现中下部短枝衰弱或枯死，使树冠中下部光秃。而树体中下部正是结果的主要部位，其光秃会严重妨碍产量的提高。所以，对幼树适当轻剪，以夏剪为主，抑前促后，促控结合，缓和极性，促发短枝，达到扩大树冠，增加结果部位，早产、丰产的目的。

整形修剪中，要充分利用芽的早熟性强这一特性，对旺树旺枝进行多次摘心，以增加枝量，扩大树冠，加快整形过程。要在夏季重摘心，促进花芽形成和培养结果枝组。在对甜樱桃幼树拉枝的整形作业中，不可强行撑拉，以避免分枝点劈裂，或在分枝点出现流胶现象。在田间作业中，要注意避免损伤树体，尽量少造成大伤口。树液流动后，分生组织活跃，伤口愈合快。休眠期修剪，应根据这一特性，在树液流动后接近发芽以前进行。这样能避免剪口干缩。不宜在秋季树液回流后进行休眠期修剪。对枝条短截时，剪口要留在花芽段以上2～3个叶芽处，这样才能避免剪留部分在结果后死亡变成干桩。

3. 选择适宜树形

目前生产中常用的树形及其优缺点，前面已有说明，这里不再重叙。栽培者可根据本园的实际情况选择适宜的树形。各主要树形的树体结构和整形修剪方法如下：

(1)自然开心形

①树体结构特点 干高30～40厘米左右，全树有主枝3～5个，无中心领导干。每个主枝上有侧枝6～7个，主枝在主干上呈30°～45°角倾斜延伸，在各级骨干枝上配置结果枝组。控制树高1.5～1.8米左右。整个树冠呈圆形(图5-1)。在保护地栽培中，其前部棚体较矮，可采用低定干的自然开心形。

②整形修剪方法 定植当年，在幼苗上距地面40～50厘米处定干，培养出3～5个分布均匀、长势健壮的主枝。6月中旬，主枝长至30～40厘米时，将其摘去1/2或1/3，促发2～3个分枝作为侧枝。第二年春季，将主枝拉枝开角至30°～45°；如第一年培养的主枝少，可对中心干延长枝短截，

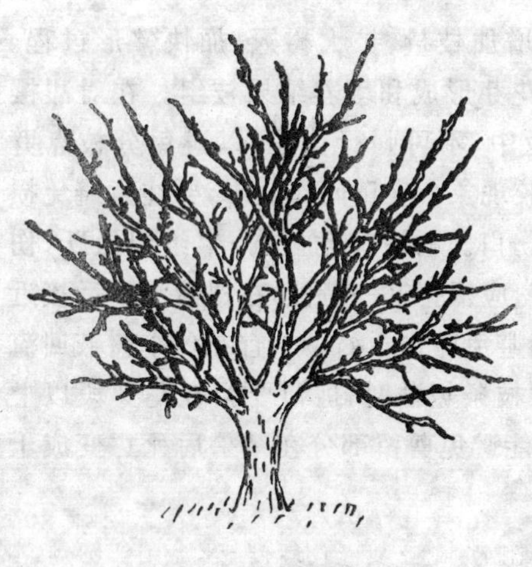

图 5-1　自然开心形

以促发枝条培养主枝；对侧枝延长枝留 30～40 厘米长后短截，所萌发的剪口芽要留外侧芽。短截后能发出 2～3 个侧枝，对其斜生侧枝和背下枝，可根据空间的大小进行缓放。对背下直立枝，留 3～5 个芽后进行极重短截，把它培养成结果枝组。6 月中下旬，当新梢长至40～50 厘米长时，留 30～40 厘米长后摘心，继续培养侧枝或结果枝组；背上直立新梢长至 20 厘米长时，留 5～10 厘米长后摘心，把它培养成结果枝组。第三年主枝、侧枝基本配齐以后，要疏除剪口上部的直立枝，予以开心。对主侧枝背上发出的新梢，应及时进行摘心或拿枝，以培养结果枝组。对有空间的侧枝应继续摘心，无空间的缓放不剪。

(2)主干疏层形

①树体结构特点　具有中央领导干，干高 50 厘米左右。共有主枝 6～8 个，分 3～4 层。第一层有主枝 3～4 个，主枝开角约 60°，每一主枝上着生 4～6 个侧枝。第二层有主枝 2 个，开角为 45°～50°。第三、第四层各有主枝 1 个，开张角度小于 45°。第二、第三、第四层主枝上，各着生 1～3 个侧枝。第一、第二层层间距为 60～70 厘米，第二、第三层和第三、第四层的层间距为 50～60 厘米。各级骨干枝上宜配备各种类型的结果枝组(图 5-2)。

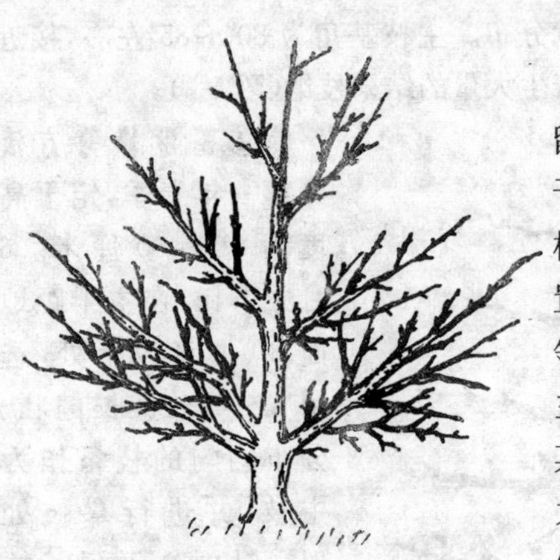

图 5-2　主干疏层形

②**整形修剪方法**　苗木定植当年，将它留 60～70 厘米长后定干。当年发生强旺新梢 3～5 个，将其中位置高的一个，作为中央领导干，其余各枝作为主枝，并于夏、秋季对其进行拿枝，开张角度为 60°～70°。休眠期修剪时，对中心枝留 50～60 厘米长后剪截，将其余枝轻剪缓放。第二年生长期，对生长势强的骨干枝延长枝进行摘心处理，以增加分枝。休眠期修剪时，处理方法同第一年。在第三年生长期，同样采取摘心措施增加枝量；休眠期修剪同第一年，使树冠逐年增高。在 4～5 年生期间，主枝过强者可不剪截，让其顶芽伸展而成为延长枝。自顶芽向下，附近常相对生有长枝 1～2 个。这些长枝，若位置合适，可保留它作为侧枝培养；无用的可疏除。进入结果期的甜樱桃树，若结果过多、树体衰弱，则可适当疏除结果枝加以调节。如枝量过多，主枝密生，则可将一部分主枝疏除。每年对中央领导干进行短截，当树冠达到理想高度时，即应进行开心修剪。

(3)改良主干形

①**树体结构特点**　其基本结构类似苹果树的自由纺锤形，特点是干高 30～50 厘米，有中心领导干。在中心领导干上配备 10～15 个单轴延伸的主枝，下部主枝间的距离为 10～15 厘米，向上依次加大到 15～20 厘米。下部枝长，向上逐渐变短，

主枝由下而上呈螺旋状分布。主枝基角为 80°～85°左右，接近水平。在主枝上直接着生大量的结果枝组（图 5-3）。

图 5-3　改良主干形

②整形修剪方法

第一年春季，定干高度为 50～60 厘米。6 月中下旬，在主干距地面 30 厘米以上处，选留 3～4 个生长健壮、分布均匀的枝条作为主枝，并进行拿枝处理。对中心干延长枝留 30～40 厘米长后摘心，使其促发 3～4 个分枝，作为第二层主枝。第二年春季，对第一、第二层主枝缓放不剪，随时拿枝，使两层主枝角度为 80°～85°，近于水平。对中央延长枝留 30～50 厘米长后短截，促发新枝 3～4 个，作为第三层主枝，并随时拿枝，使之成水平。当主枝萌发的侧生枝及背生枝长至 20 厘米长时，留 5～10 厘米长后摘心，以培养结果枝组。一般经过 2～3 年，可基本培养出标准树形。该树形在整形过程中，应注意及时开张角度，使各主枝近于水平生长。

4. 灵活运用修剪技术

(1)休眠期整形修剪技术

休眠期的修剪技术措施，主要有短截、缓放、回缩和疏枝等。

①**短　截**　短截是甜樱桃休眠期修剪中应用最多的一种手法。短截，即剪去一年生枝梢的一部分。依其短截程度的不同，可分为轻短截、中短截、重短截、极重短截四种(图 5-4)。

轻短截　剪去枝条的1/4～1/3，留枝长度在50厘米以上。其特点是成枝数量多，一般平均抽生枝条数量在3个左右。轻短截有利于削弱顶端优势，提高萌芽率，增加短枝量，形成较多的花束状果枝。成枝力强的品种，采用轻短截，有利于缓势控长，提早结果。在空间较大处，为了缓和强枝生长势，增加短枝量，也可采用轻短截。

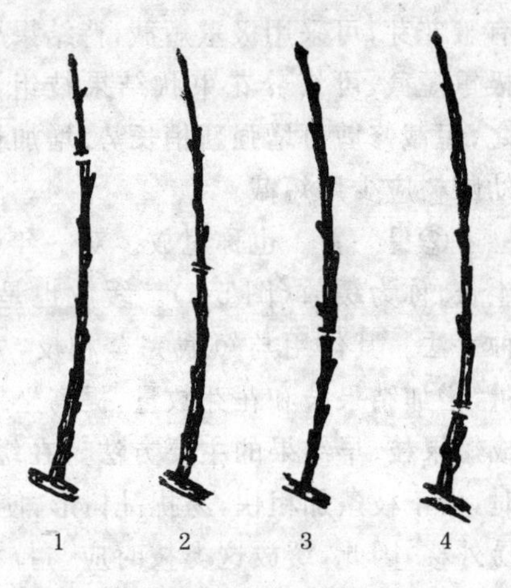

图 5-4　短　截

1. 轻短截　2. 中短截
3. 重短截　4. 极重短截

中短截　在枝条中部饱满芽处短截，剪去枝条的1/2左右，留枝长度为45～50厘米。其特点是有利于维持顶端优势，一般成枝力强于轻短截和重短截；短截后可抽生3～5个中长枝。对成枝力弱的品种，可多利用中短截增加分枝量。幼树期对中心干和各主、侧枝的延长枝，可行中短截扩大树冠。衰弱树进行更新复壮，也可采用中短截恢复树势。

重短截　剪去枝条的2/3，留枝长度约为35厘米左右。重短截可促发旺枝，提高营养枝和长果枝的比例。此种短截多用于幼树的平衡树势，或骨干枝先端与背上枝培养结果枝组。

极重短截 剪去枝条的3/4～4/5，留基部4～5个芽。极重短截在甜樱桃树上极少应用。对要疏除的枝条，若基部有腋花芽，可采用极重短截，待结果后再疏除。基部无花芽而极重短截，可培养花束状结果枝组，也可控制过旺树体。总之，短截修剪可增强新梢长势，增加长枝比例，延缓花芽形成。幼龄树应少用短截。

②缓　放 也称甩放。对一年生枝条不修剪，任其自然生长，称为缓放(图5-5)。缓放也是甜樱桃修剪中常用的一种手法。其作用与短截完全相反，主要是缓和树势，调节枝量，增加结果枝和花芽数量，提高坐果率。缓放是幼树提早形成短果枝、早结果的主要方法。在缓放强旺枝和直立竞争枝时，由于枝条加粗快，易扰乱树形，使下部短枝枯死，结果部位易外移，因此，缓放这类枝时应与拉枝开角、减少先端的长枝数量相配合，或与环割相结合。

图5-5　缓　放

③回　缩 将多年生枝剪除或剪除一部分，称为回缩(图5-6)。适当回缩，能促使剪口下的潜伏芽萌发枝条，恢复树

图 5-6 回 缩

势，调节各种类型的结果枝比例。回缩主要用于强旺树或衰弱树的修剪。对结果枝组和结果枝进行回缩修剪，可以使保留下来的枝条具有较多的水分和养分，有利于壮势和促花。缩剪适宜，结果适量，则可以使树体保持中庸健壮；而无目的地回缩，也易影响产量和质量。缩剪，应掌握好程度和时间。对一些内膛、下部的多年生枝或下垂缓放多年的单轴枝组，不宜回缩过重，而应先在后部选出有前途的枝条，进行短截培养，逐步回缩，待培养出较好的枝组后再回缩到位。若回缩过重，因叶片面积减少，一时难以恢复，而极易引起枝组的加速衰弱。对多年生枝回缩修剪后的促进作用，也局限于剪口附近，离剪口越远，促进作用越不明显。

④疏 枝 把枝条从基部去掉称疏枝。主要疏除过密过挤的竞争枝、直立枝、徒长枝、细弱枝和病虫枝等（图 5-7）。疏枝可以改善光照条件，减少营养消耗，减弱和缓和顶端优势，促进花芽形成，平衡枝与枝之间的长势。在整形期间，为减少休眠期修剪的疏枝量，在生长季应加强抹芽、摘心和扭梢

等措施。对大樱桃多数品种来说，疏枝应在1～2年生枝上应用。如果疏枝过晚、枝干较粗时，疏枝后伤口较大，愈合慢，在各个生长时期均易引起流胶或木腐，造成幼树生长衰弱，因此不宜一次疏除过多。对伤口要及时涂抹保护剂。

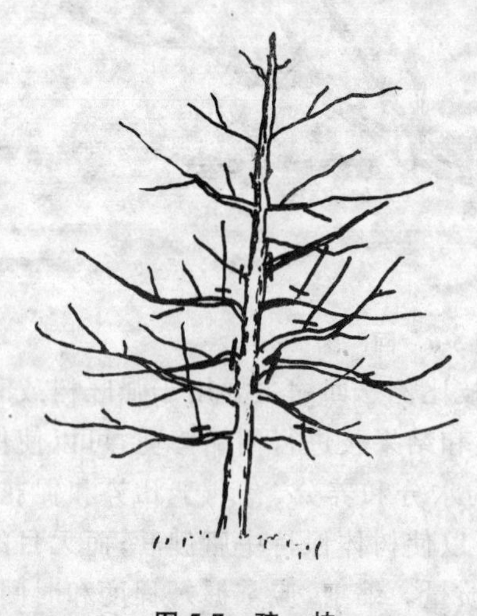

图5-7 疏 枝

(2)生长期整形修剪技术

生长期的整形修剪技术措施，主要有拉枝、刻芽、摘心、剪梢、拿枝、除萌和环割等。

①拉 枝 拉枝的作用是缓和树势，削弱顶端优势，抑制营养生长，促进生殖生长，使树体提早结果；同时，调整骨干枝的角度和方位，减少休眠期修剪的疏枝量。拉枝可在树液流动以后进行，以春、夏季为好。

甜樱桃的拉枝，应注意以下几个问题：枝条脆硬，拉枝容易劈裂或折断，造成树体损伤，导致流胶发生，故拉枝前应先用手拿软枝条基部后再拉；拉枝开角时，还要注意调节主枝在树冠空间的方位，使主枝均匀分布；拉绳要拉在着力点上，使枝条整体开角，并随时调整着力点，避免出现弓腰和前端上翘，造成腰角小和冒条现象；拉绳扣要系成拴马扣，不要紧勒枝干，以免造成绞缢。

②摘 心 摘心是指在新梢尚未木质化之前，去除新梢先端的幼嫩部分(图5-8)。摘心是甜樱桃生长季修剪中应用

最多的一种方法。摘心主要用于分枝少的幼旺树和结果树主侧枝背上的直立新梢。通过摘心可以控制新梢旺长，增加分枝级次和枝量，加速扩大树冠，推动营养生长向生殖生长转化，促进花芽形成，有利于幼树早结果。

摘心可分为早期摘心和生长旺季摘心两种。早期摘心适用于结果期树主侧枝背上的直立新梢，一般在花后 7～10 天开始进行。将新梢保留 5～10 厘米或 5～10 片大叶后摘除。摘心后，可形成短果枝。另外，早期摘心还可以提高坐果率。生长旺季摘心，适用于露地幼树，一般在 5 月下旬至 7 月中旬期间进行。将新梢保留 20～30 厘米，将余下部分摘除，以增加枝量。对幼旺树连续摘心，能促进短枝形成，提早结果。7 月下旬以后不宜再摘心，因发出的新梢不充实，易受到冻害或抽条。

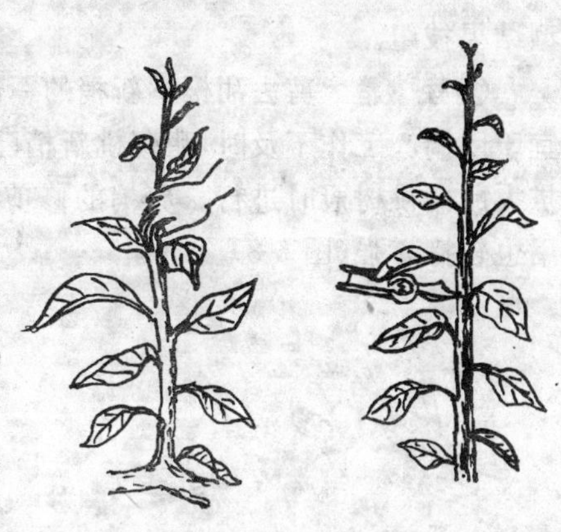

图 5-8　摘心和剪梢

摘心的长度与轻重，根据枝条着生空间和枝的不同用途而定，可分为轻度摘心、中度摘心、重度摘心。

轻度摘心　只是摘去顶端嫩尖的 2～3 厘米左右，摘心后只能萌发 1～2 个新梢延伸生长。连续轻度摘心，生长量在 10 厘米左右，可形成短果枝。

中度摘心　目的是促进多分枝。待新梢长至 40 厘米以上时，留 20～30 厘米长后摘心。摘心后，一般能萌发 3～4 个分枝，增加分枝量，加速扩大树冠。

重度摘心 目的是抑制枝条生长，培养小型结果枝组。当新梢发育至20～30厘米长时，留5～10厘米长后摘心，不但能促发分枝，还能使下部芽萌发长成短枝或叶丛枝，形成小型结果枝组。

③剪 梢 剪去甜樱桃新梢的一部分称为剪梢。剪梢适宜于因摘心工作不及时，甜樱桃新梢已木质化不宜摘心，或为扩大甜樱桃树冠时进行。剪梢的修剪程度大于摘心，故其作用也较摘心强(图5-8)。

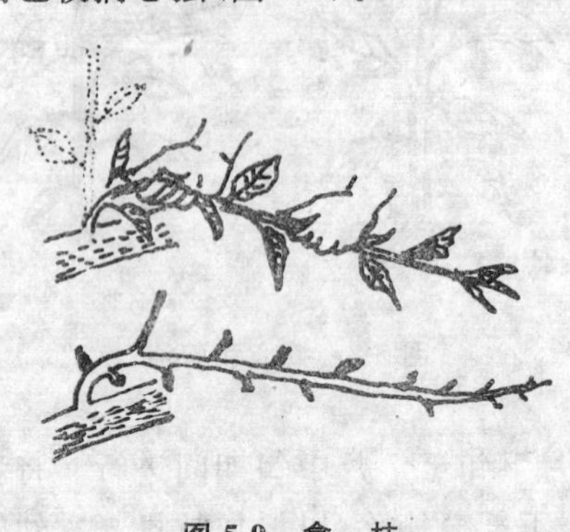

图5-9 拿 枝

④拿 枝 在新梢木质化后，用手对旺梢自基部到顶端逐步捋拿，伤及木质部而不折断的操作方法叫拿枝(图5-9)。拿枝是控制一年生直立枝、竞争枝和其他发育较旺营养枝的方法。拿枝在5～8月间进行。如果枝条长势过旺，可进行多次拿枝。拿枝的作用是缓和旺梢生长势，促进花芽形成。另外，还可以调整2～3年生幼龄树骨干枝的方位和角度。

⑤扭 梢 在新梢半木质化时，将背上直立枝、竞争枝及内向的临时性枝条，于基部4～5片叶处，向下扭曲或将其基部扭曲180°角，使新梢下垂，或成水平。扭梢时，伤及木质部和皮层而又不折断，但能改变新梢的方向(图5-10)。扭梢可在5月底至6月初进行。扭梢后可减少枝条顶端的生长量，

有利于花芽形成。扭梢的时间要把握好。扭梢过早，新梢柔嫩，易折断；扭梢过晚，新梢已木质化且脆硬，不易扭曲，易折断，易流胶，且会造成死枝。

图 5-10 扭 梢

⑥除萌（抹芽） 指从萌芽至幼果期间，将无用的萌芽、萌枝除去。其目的在于节省养分并防止枝条密生郁闭，妨碍光照和通风。因此，对疏枝后产生的过多萌蘖、徒长枝以及有碍于各级骨干枝生长的过密枝，应及时除去。甜樱桃各级骨干枝上的芽，基本上都能萌发，这些芽一般只能形成叶丛枝，生长量极小，叶片大而多，可制造大量的养分。当树体健壮，透光条件好时，这些叶丛枝能转化成丛状结果枝，所以不可抹去。大树更新、高接换种时，除将直接影响接穗和骨干枝生长的萌蘖除去外，一般以不除为宜，以防后期叶面积过少，减少树体营养，对生长和发育造成不利影响。对衰老病残树的干基萌蘖，要选留强旺的加以保留，以达到老树更新的目的。

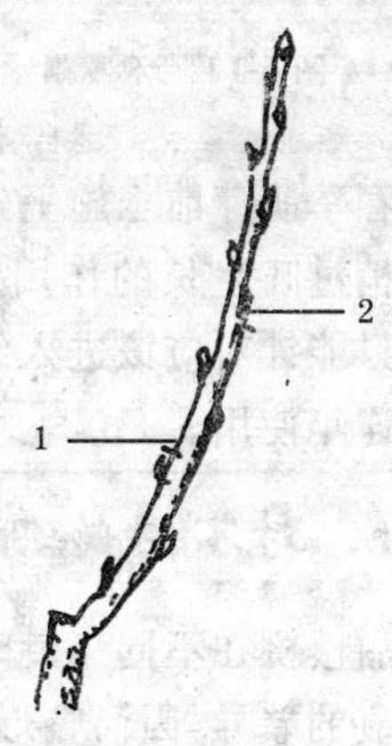

图 5-11 刻 芽

1. 芽上刻 2. 芽下刻

⑦刻 芽 在芽的上方或下方，将皮层横刻一刀，深达木质部，称刻芽（图 5-11）。刻芽

可促发枝梢。萌芽期在芽的上方刻伤,可使下位芽萌发,促进枝条生长。在弱枝上刻芽,效果不明显。生长季在芽和枝下方刻芽,可对上位枝、芽起到促壮作用。一般刻芽早,刻得深,发枝强;刻芽晚,刻芽轻,则发枝弱。刻芽的早晚和深度,可根据需要来确定。另外,刻伤部位应在芽上方0.5厘米处,这样抽出的枝开角较大,否则,易抽生夹皮枝。

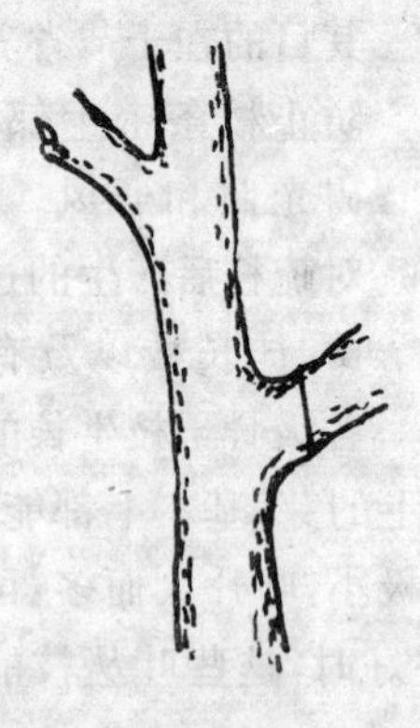

图5-12　环　割

⑧环　割　这是在两年生以上枝条基部,将皮层环割一圈或数圈,但不除去皮层(图5-12)。这种方法能够缓和旺枝生长势,促进花芽形成,提高果实产量和质量。但环割一定要适度,以防止环割过重对树体造成伤害。

⑨化学调控　为了防止初结果树新梢过旺生长,在生长期间叶面喷施 PP_{333} 或 PBO,或在春季萌芽前土施上述两种药剂中的任意一种,能起到控制新梢过旺生长的作用。但使用 PP_{333} 或 PBO 一定要慎重。一是只能针对应该进入结果期而不结果的幼旺树施用,二是不可连年使用。

5. 对不同龄期树采取不同的修剪措施

甜樱桃在不同年龄时期的生长发育与结果习性,都存在着明显的差异,因而整形修剪所采取的修剪方法和修剪程度也不同。

(1)幼龄树的修剪

幼树时期，是指从定植后到开花结果前的这段时期，一般为3～4年。幼树修剪的主要任务，是根据不同树形的结构要求，培养树体骨架，尽快扩大树冠，促使幼树尽快完成整形，增加枝叶量，培养结果枝组，增加结果部位，平衡树势。不论是露地还是保护地栽培甜樱桃，都要求尽量缩短幼龄期，使其早结果。所以，必须加强幼树的生长期修剪，使整形在2～3年内完成。而休眠期修剪则以轻剪、少疏、多留枝为原则。其修剪方法如下：

①圃内修剪 也称圃内整枝，是指苗木出圃前的修剪。一年生成品苗于6月份新梢长至60～80厘米以上时，根据不同树形要求的干高，进行中度摘心或剪梢，当年可萌发3～5个分枝。秋季可对分枝进行拉枝开角处理。

②定植后第一年幼树的修剪 定植后，未进行圃内整枝的苗木，首先应根据不同树形的干高要求，进行定干。定干当年，一般能萌发3～4个发育枝。根据不同树形对主枝的要求，选好主枝，并于生长季对主枝和中心干进行中度摘心或剪梢处理，促发分枝。具体做法是，从6月下旬至7月中旬以前进行生长期修剪，对主枝延长枝进行摘心，保留长度一般为40厘米左右，摘后可发出2～3个发育枝，至秋季可发育成熟。这样一年生长的枝量可以达到两年的枝量。对圃内已进行整枝的苗木，春季定植后，可按两年生幼树的整形修剪要求进行修剪。对竞争枝应尽早处理，将其拉平或疏除。

③定植后第二年幼树的修剪 经过上一年的缓苗之后，幼树开始进入旺盛生长阶段，因此要注重生长期的修剪，控制新梢旺长，增加分枝级次，促进树冠扩大。休眠期修剪时，对主干形树的中心枝，继续以高于主枝的长度进行短截，选留好

第二层主枝及第一层侧枝。进行生长季修剪，应注意选留好第三层主枝。对背上萌发的直立枝，要进行扭梢或连续重度摘心，将其培养成小型结果枝组。对开心形甜樱桃树可在休眠期修剪时，将中心枝疏除，生长季修剪要注意选留好侧枝。

④定植3年后幼树的修剪 定植后3～5年的甜樱桃幼树，在修剪上要采取截放结合的方法。一方面要根据整形的要求，继续选留培养好各级骨干枝；另一方面，要着手培养结果枝组，达到边长树边结果的目的。要根据树势的强弱，种植密度的大小，以及立地条件，确定截放比例。种植密度小、立地条件差、树势弱的植株，可以多截少放。反之，应少截多放。

在幼树的整个整形过程中，要注意平衡树势，使各级枝条从属关系分明。当出现主、侧枝不均衡时，要抑强扶弱，做到主从分明，层次清楚。

(2)结果初期树的修剪

结果初期，是指从开始开花结果，到大量结果之前的这段时期。此期的主要修剪任务是继续完成树冠整形，增加枝量，培养结果枝组，平衡树势，为过渡到盛果期创造条件。

要继续扩大树冠，完成树形，提高覆盖率。进入初果期的幼龄树，由于苗木标准及采用树形等方面的不同，因而树形的形成有早有晚。对于仍未完成树冠整形的树，要继续适度剪截中央领导干和主枝延长枝，选择适当部位的侧芽进行刻芽促萌，培养新的侧枝或主枝。对于树体高度已达理想标准的树，可以在顶部一个主枝或顶部一个侧生分枝上落头开心。对于角度偏小的骨干枝，仍需拉枝开角，把它调整到适宜的角度。对于整形期间选留不当而形成过多过密的大枝，以及骨干枝背上的大枝，应及时疏除，以便将树体调整合理，完成树冠的整形工作。

进入初结果期的甜樱桃树，树势仍偏旺，在树冠覆盖率尚未达到75%左右时，仍然需要短截延伸，以扩大树冠，占据空间。同时，对于已达到树冠体积的树，要控势促花芽，增加结果面积和花芽量。在扩冠的基础上，要稳定树势，为高产优质创造条件。

(3)盛果期树的修剪

在正常的管理条件下，甜樱桃树经过2～3年的初果期，即可进入盛果期。进入盛果期后，树的生长势开始变弱。此期修剪的任务是，通过修剪和加强管理，保持健壮的树势，调节好生长与结果的关系，达到年年高产、稳产和优质的目的。

盛果期壮树的树体指标是：外围新梢长度为3厘米左右，枝条粗壮，芽体充实饱满；大多数花束状果枝或短果枝具有6～9片莲座状叶片，叶片厚，叶面积大，花芽充实；树体长势均衡，无局部旺长或衰弱的现象。

甜樱桃树进入盛果期大量结果以后，随着树龄的增长，树势和结果枝组逐渐变弱，结果部位外移。对盛果期甜樱桃树，应采取回缩和更新措施，促使花束状果枝向中、长果枝转化，以维持树体长势中庸和结果枝组的连续结果能力。对鞭杆枝组，要采用缩放手法进行更新。当枝轴上多年生花束状果枝和短果枝叶数减少、花芽变小时，即应及时回缩。当枝轴上各类结果枝正常时，则可选用中庸枝带头，以保持稳定的枝叶量。对中、小型结果枝组，要根据其中下部结果枝的能力，经常在枝组先端的2～3年生枝段处回缩，促生分枝，增强枝势，增加中、长枝和混合枝的比例，维持和复壮结果枝组的生长结果能力。需要注意的是，维持和更新结果枝组的生长结果能力，不能单独依靠枝组本身的修剪，还要考虑调节和维持其所着生的骨干枝的长势。当结果枝组长势衰弱、结果能力下降时，对其所着生的骨干延长枝应选留弱枝延伸，或轻回缩到一个偏弱的中庸枝当头；当结果枝组结果能力强时，对其着生的骨干延长枝，宜选留壮枝继续延伸。

总之，进入盛果期的树，在修剪上一定要注意甩放和回缩程度要适当，做到回缩不旺，甩放不弱。

(4)衰老期树的修剪

甜樱桃树进入衰老期后，树势明显衰弱，果实产量和品质下降，大量结果枝组开始死亡。此时期甜樱桃树的修剪任务，主要是及时更新复壮，重新恢复树冠。利用甜樱桃树潜伏芽寿命长的特点，分批回缩结果枝组，使内膛或骨干枝基部萌发新枝，培养新的结果枝组。当树势严重衰弱时，则应进行骨干枝大更新。大更新的好处是，抽枝量多，成枝力强，在更新的当年配合以生长期摘心，可较快地恢复树冠，早结果。在更新的第二年，可根据树势强弱，以缓放为主，适当短截新选留的骨干枝。

另外，进行骨干枝更新时，留桩要短。留桩过高，抽枝能力弱，更新效果不佳。更新时间以萌芽前进行为好。在休眠期更新，其抽枝力、萌芽率显著降低，效果不佳，并且伤口不易愈合，常引起流胶病的发生。

(5)结果枝组的培养与修剪

①紧凑型结果枝组的培养　当要培养的结果枝组所处的空间较小或在主枝上部或背上时，应将该结果枝组培养成紧凑型的小结果枝组。其方法是：对主枝上部及背上枝在生长季进行扭梢或重度连续摘心，然后连续缓放；生长季未处理的枝，在休眠期极重短截后，对翌年生长季发出的枝进行扭梢，对侧生枝可按每生长 10 厘米左右时即摘心的标准，连续摘心。

②鞭杆型枝组的培养　鞭杆型枝组一般长1米以上，粗2厘米以上。其上着生各类结果枝和小型枝组，分布越多，产量越高。这类枝组多由强弱不等、部位适宜的发育枝，经连年缓放或轻打头培养而成。对其先端分枝，可采用摘心控制或者疏除的方法进行处理，使中下部多数短枝在缓放的第二年形成花束状果枝或短果枝。培养这类枝组，要注意加大分枝角度和改善光照条件。由于这类枝组更新难，因而主要依靠维持修剪，使其大量的多年生花束状果枝和短果枝生长健壮，提高坐果率，延长结果年限。

③大、中型结果枝组的培养　先在休眠期进行中短截，一般能萌发3～4个中、长枝；在生长季对其背上枝扭梢或摘心，或进行短枝缓放，对壮、旺枝继续进行中短截。通过以上修剪培养，使每个大、中型枝组由若干个小型枝组组成。

④枝组的修剪　结果枝组从培养至结果，直至连续结果，实际上是一个发展、维持和更新的过程。通过修剪，使结果枝组保持中庸生长势，保持较长的经济寿命。

小型结果枝组，生长势一般较弱，只要结果正常，就应减少修剪量。如果生长过弱，影响结果，则可适当缩剪，以增强枝势。对大、中型结果枝组，要求生长势经常保持中庸健壮，花芽充实，分枝紧凑，基部不光秃，枝组内各分枝能够分年交替结果。如果生长势强，而且有空间，则可留延伸枝发展。无空间发展的，生长季可用摘心等方法进行控制。生长弱的可以回缩促壮，去弱留强，对其上的分枝要有截有放。如果花芽量过多，可以疏除或回缩弱小的花枝，促使其抽生新枝。

枝组生长强弱的调整，有时可以通过对枝组本身的修剪来调节，有时还需通过枝间的修剪来调节。例如，主枝背上枝组生长过强，往往是由于两侧的分枝量少或对两侧枝控制过重而造成的。在这种情况下，必须在发展两侧枝条的前提下，再抑制背上的枝组。

盛果期以后，树势减弱，花量过多，枝组生长势和结果能力下降，可以分年、分批对衰老枝组进行回缩复壮。

6. 放任树的整形修剪

放任树，是指栽植以后未按要求进行合理整形，或根本未进行整形，或整形 1～2 年后又停止整形的树形紊乱、生长旺盛、结果少的 7～8 年生的甜樱桃树。这种树中粗枝过多，分枝角度小，枝条直立或上抱，冠内郁闭，光照不足。对这种树，首先要确定采用哪种树形，再根据该树形的要求，疏除主干上的竞争枝、过密主枝和主枝上过密的侧枝，以及竞争枝。如果中心领导干过强过高，则可在适当部位落头，解决冠内透光问题，然后拉枝整形。

第六章　花果管理

一、认识误区和存在问题

1. 对花芽分化时期认识不准确

有的果农误认为甜樱桃在果实采收后10天左右，花芽才开始大量分化。其实不然。这种对甜樱桃花芽分化时间不准确的认识，导致了栽培者只重视甜樱桃果实采收后的肥水供应，而忽视了甜樱桃花芽分化实际关键时期的肥水管理，导致此期间甜樱桃树体脱肥，使花芽分化得不到充足的肥水供应，因而使花芽分化质量不高，数量偏少。这种现象在目前的生产中普遍存在。

2. 品种选择和配置不当

在有的樱桃园内，授粉树配置不合理，有的品种选择不当，授粉品种与主栽品种花期不相遇，或者授粉亲和性差，或者授粉品种数量不足。因此，造成甜樱桃授粉受精不良，坐果率降低。

3. 不进行辅助授粉

有些果农认为，只要按技术要求配置了授粉树，其授粉、坐果就可以得到保证。基于这种认识，就不进行人工辅助授粉，或不释放蜜蜂授粉，从而影响了坐果。

4. 不进行疏花疏果

有些果农对于甜樱桃树疏花疏果的作用缺乏了解，因而不能适时疏除大年超载甜樱桃树的过量花芽和花蕾，坐果后对过量的幼果又未能及时疏间，因而使甜樱桃树体在开花前后无谓耗费掉了大量的贮藏营养，导致授粉受精和幼果发育营养供应不足，对于坐果率和产量、质量的提高，产生了不利的影响。

5. 生长期修剪不当

有些果农对花后至采收前这一期间整形修剪的作用缺乏认识，在管理中只重视采收后的生长季修剪，而不进行花后至采收前的修剪，因而常常导致生长与结果关系失衡，或树体郁闭，透光通风不良，影响果实着色和花芽分化。有些保护地甜樱桃树还因采收后修剪不当，出现二次开花的现象。

6. 花后过早过量灌水

有的果农在甜樱桃开花后过早或过量对其灌水，引起新梢徒长，造成落花落果。尤其是温室生产中，这种现象比较严重。

7. 滥用激素类药剂

有的果农不按技术规程，在生产中滥用坐果剂、果实膨大剂和着色剂等激素类药剂，对甜樱桃生长和结果产生了多种不良的副作用。比如，有的引起落果，有的使果实成熟期延迟，有的出现畸形果，有的裂果严重，有的引起新梢徒长、花芽数量明显减少等。

8. 发生肥害

有些果农经营保护地樱桃园，于开花前后在地面撒施化肥或有机肥，肥料在高温条件下挥发氨气等有毒气体，加之保护地内通风条件差，有毒气体不能及时排出去，使花器官和叶片受到伤害，影响了坐果量和果实的发育。

二、提高花果管理效益的方法

1. 正确把握花芽分化时间，及时供肥供水

长期以来，人们一直以为甜樱桃是在果实采收后 10 天左右，花芽开始大量分化。实际上，这是一个认识误区。经研究人员多年观察表明，甜樱桃在落花后 20～25 天就开始进入花芽分化期，落花后 80～90 天花芽分化就基本完成。根据甜樱桃花芽分化的这一个规律，不但要重视采收后的肥水供应，而且更要重视在花芽分化关键时期(幼果至采收期)加强肥水管理，应在施足底肥和花前追肥的条件下，于落花后 10～15 天开始，至采收后一个月左右的这一期间，每隔 7～10 天增施一次叶面肥，使花芽分化所需的营养得到及时、充分的补充。

2. 及时适量疏除花芽和花蕾

为使有限的贮存营养得到有效的利用，应对花芽数量多的甜樱桃树进行疏花芽和疏花蕾的处理。在花芽膨大期，对花束状果枝和短果枝基部发育较差的瘦小花芽，应适度疏除一部分(图 6-1)。在现蕾期，要疏除花芽中现蕾较晚的瘦小

花朵,使每一花束状果枝上保留 3～4 个发育良好、饱满充实的花芽,每个花芽中留 3 朵现蕾较早、发育质量好的花蕾(图 6-2)。

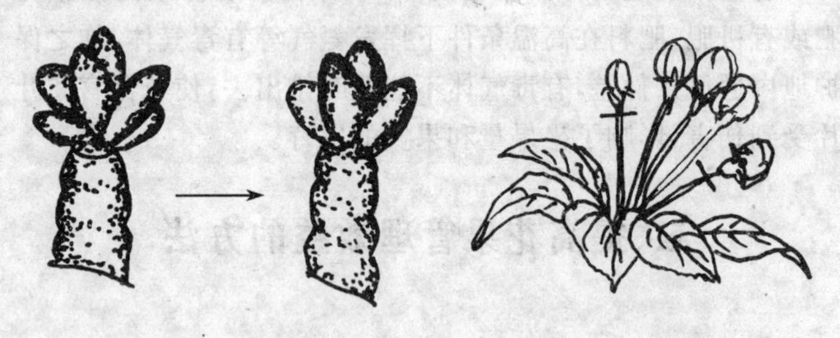

图 6-1 疏花芽　　图 6-2 疏花蕾

3. 合理配置授粉树

建园时要合理配置授粉树。对这一点在建园技术中已有论述,不再重述。

4. 搞好辅助授粉

要通过人工或释放蜂群进行辅助授粉,提高甜樱桃的坐果率。

(1)人工授粉

自初花期开始,每 1～2 天进行一次人工授粉。一般以在上午 9～10 时和下午 2～3 时授粉为宜。人工授粉的方法有两种:一是人工采集花粉,用授粉器点授;二是用鸡毛掸子或其他授粉器在不同品种的花朵之间,轻轻掸花或擦花。人工授粉用的花粉,是采集含苞待放的花朵后人工制备的。具体做法是:将花药取下,薄薄地摊在内底光滑的纸盒内,再将纸盒置于无风干燥、温度在 20℃～22℃的室内阴干。经一昼夜左右，花药散出花粉后，收集花粉装入授粉器中供授粉用。授粉器的制作方法是：利用青霉素玻璃瓶，在瓶盖上插入一根粗铁丝，在入瓶铁丝的顶端，套上 2 厘米长的气门芯，翻卷其端部即成。其授粉操作方法如图 6-3 所示。

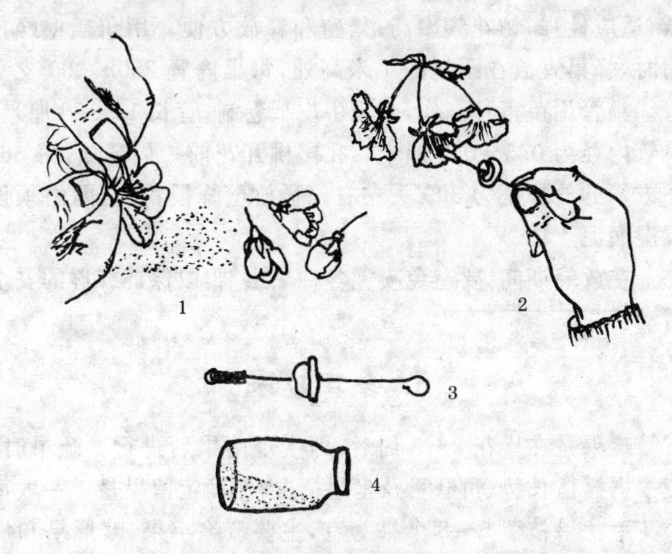

图 6-3　人工辅助授粉

1. 采集花粉　2. 点授　3. 授粉器　4. 花粉瓶

在甜樱桃花开放的 4 天以内，柱头接受花粉的能力最强。在此时间内，进行人工辅助授粉越早越好。实践表明，人工点授花粉，以开花后 1～2 天内进行效果最好。

(2)放蜂授粉

人工点授花粉虽然坐果率较高，但很难将花粉授到树冠上部的花上。因此，还应结合实施蜜蜂或壁蜂辅助授粉。

①释放蜜蜂授粉　在樱桃初花时，露地园每(3～5)×667 平方米、保护地每栋放一箱蜜蜂即可。在放蜂期间，若遇低温

天气，蜜蜂不出巢采蜜，或主栽品种与授粉品种花期不相遇时，必须采取人工授粉的措施，保证授粉的成功。

②释放壁蜂授粉 壁蜂也称豆小蜂，是人工饲养的一种野生蜂。目前生产中授粉常用的是角额壁蜂。它们活动温度低，适应性强，访花频率高，繁殖和释放方便。用角额壁蜂授粉时，蜂巢宜放在距地面1米高处，每巢内置250～300支巢管。巢管用芦苇秆制作，或用牛皮纸卷制，管长15～20厘米，巢管内径为0.5～0.7厘米。在樱桃开花前一周释放，每667平方米的放蜂量为300头左右。释放壁蜂授粉时，园内须设置湿润泥土坑。

在放蜂期间，要避免喷施各种杀虫剂，以保证蜂群的安全活动。

5. 合理疏果

疏果是在盛花2～3周后，即生理落果后进行。疏果时，应根据树体长势、负载量及坐果情况，而确定留果量。一般每个花束状果枝留5～8个果为宜，主要疏除小果、畸形果和病虫果。

6. 采取提高坐果率的辅助措施

(1)花期喷施叶面肥

花期喷硼，能促进甜樱桃花粉发芽和花粉管的伸长，明显提高坐果率。生产中可于盛花期喷布0.2%尿素+0.2%～0.3%硼砂液一次。保护地樱桃喷洒硼砂液，应避开中午高温期。

(2)花期喷施赤霉素

喷施赤霉素（九二〇）能增强植物细胞的新陈代谢，加速生殖器官的生长发育，防止花柄或果柄产生离层，对减少花果脱落、提高结实率具有明显的作用。在甜樱桃生产中，可于初花和末花期各喷布一次 30～50 毫克/升的赤霉素液，或盛花期喷一次。

(3)抹芽和摘心

及时抹除过多的萌芽，摘除过旺的新梢，均有利于提高坐果率。

7. 不要滥用药剂

在甜樱桃的花期和幼果期，不能喷施过量的生长调节剂类坐果剂、果实膨大剂、着色剂或多种农药混合剂，不能滥用不适合甜樱桃使用的农药。尤其是在花期，更不能喷施多种激素混合剂。如赤霉素（九二〇）等激素，虽然有提高坐果率和促进生长的功效，但使用不当会有负面影响，浓度过量会造成叶片和果实的畸形，抑制花芽的分化，影响下一年开花结果，因此生产中应正确使用。使用时，要把握好时间，在花芽开始大量分化时就不可再施用。同时，要严格控制喷施的浓度，以 30～50 毫克/升稀释液喷施为好。这样，既能提高坐果率，又比较安全。

要使甜樱桃增大果个，促进着色，外形美观，应通过加强综合管理措施来实现，以防止果实产生畸形、裂果或推迟成熟期等副作用。

8. 促进果实着色，防止和减轻裂果

(1)促进果实着色

促进樱桃果实着色，可采取以下措施：

①摘叶和转叶　在果实着色期，将遮挡果实光照的叶片

轻轻转向果实背面，使果实得到光照，以利于着色。对阻碍透光的过密叶片，可适当摘除一些，果枝基部的小老叶和托叶可全部摘除。但切不可过重摘叶，特别是果枝上的功能叶片更不能随意摘除，以免影响花芽形成的数量和质量，并导致采后开花。在保护地甜樱桃园，还应在落花期及时除去落在叶片上和果实上的花瓣。

②铺设反光膜 在露地园果实着色期，于树冠下铺设银色反光膜，利用反射光，增加树冠下部和内膛的光照强度，促进果实着色。对保护地栽培甜樱桃，除了在地面铺反光膜外，还可在墙体上挂反光膜，增强树体上的光照强度。

③增大昼夜温差 对保护地栽培的甜樱桃，在果实着色至成熟期，适度提高棚内白天温度，降低夜间温度，使昼夜温差保持在10℃～12℃，有利于果实着色和提高果实品质。

(2)防止和减轻裂果

裂果，是果实接近成熟时，在土壤含水量长时间过低的情况下，突降大雨或大量灌水，使果实短时间内吸水过多，增加膨压，或果肉和果皮生长速度不均衡，而造成果皮破裂的一种生理障碍。裂果是目前甜樱桃生产中发生比较普遍的现象。在防治不力的情况下，会造成大量裂果，大大降低果实的商品价值。因此，必须切实采取有效措施，防止和减轻裂果的发生。生产中，在选择抗裂果品种的同时，还应采取如下防止裂果的措施：

①保持土壤水分状况相对稳定 在果实生长期要加强水分管理，使土壤含水量稳定在田间最大持水量的60%左右，如果低于这个水平，就应及时适量供水。不可在土壤过分干燥后再灌水。供水要本着少灌勤灌的原则，切忌一次过量灌水。

②喷施防止裂果的药剂 在果实着色期，每隔一周喷施一次浓度为2.99克/升的氯化钙溶液，提高果实含钙量，以利于防止或减轻裂果的发生。

③利用防雨帐篷防止裂果 这一措施在日本应用较多。其防效较好的有顶棚式、帷帘式、雨伞式和包皮式四种（图6-4，图6-5）。目前我国山东省及辽宁大连地区，已有少量应用。还可建造塑料大棚式的防雨帐篷防止裂果。

图6-4 防雨帐篷

1. 顶篷式 2. 帷帘式

④降低园内空气湿度 在露地甜樱桃园中，要适时做好采前修剪工作，改善透光通风条件。树冠不郁闭，园内空气湿度就会降低，裂果就轻。保护地栽培中，除做好上述管理工作外，还应及时通风排湿，降低空气湿度。或在棚内多点放置生石灰，通过其吸湿作用降低空气湿度。

图 6-5　防雨帐篷

1. 雨伞式　2. 包皮式

第七章　病虫害防治和自然灾害防御

一、认识误区和存在问题

1. 无公害生产意识淡薄

目前，有少数果农使用禁用农药。这不仅危害土壤和水等生态环境，而且所生产的果品也不符合人们对食品健康安全的要求。

2. 没有采取综合措施防治病虫害

许多果农没有运用农业、生物、人工等防治措施，对甜樱桃病虫害进行综合防治，而是单纯依靠药剂进行防治，使病虫害和天敌失去了自然的生态平衡，收不到良好的防治效果，还会对环境造成污染。

3. 药剂使用不正确

在农药使用中，许多果农误认为药剂浓度越大，混用药剂种类越多，防治效果越好，因而不按使用说明随意加大施用浓度，既造成了农药的大量浪费，又导致了程度不同的药害。这在当前保护地生产中表现尤为突出。

在农药使用中，还有的不用计量器具准确称量，而凭经验或感观确定浓度，使所用浓度不符合要求，不是浓度过大，就是浓度过小，都不符合安全有效使用农药的规定。

4. 忽视采后病虫害防治

有些果农误认为果实采收后就万事大吉了，忽视了采收后的病虫害防治，结果导致某些病虫为害严重。如有的果农采收后不及时防控叶斑病，造成大樱桃早期落叶，降低了树体营养贮备水平，不利于安全越冬。

5. 果实有农药残留

在果实生长期，对高效高毒农药使用不当，喷施有机磷等药剂防治桑白蚧和卷叶虫等害虫，使果实有残毒，不符合食品安全的要求。

6. 忽视预测预报的作用

对预测预报在病虫害防治中的作用缺乏认识，不注意观察本园地的病虫情况，不注意收听收视本地区相关农技部门发出的病虫测报信息，只凭个人经验或参看他人做法进行施药。在气象因子及病虫活动情况，与正常年份发生较大变化时，往往出现防治时间与用药不当的现象，或在未达防治适期指标前用药，或在严重危害后用药，因而都不能收到应有的防治效果。

7. 没有防御自然灾害的措施

对风害、涝害、晚霜、冻害、抽条及鸟兽危害等自然灾害，放任不管，顺其自然，不采取任何防御措施，结果导致减产或果实品质下降，严重者可造成死树现象的发生。

二、提高病虫害防治效益的方法

1. 防治的基本原则

从目前生产和市场现状出发，甜樱桃病虫害防治应本着以下基本原则：

在保护和改善果园生态环境和加强综合管理的基础上，采用农业防治、人工防治和生物防治优先的综合防治措施；从确保果品卫生安全的高度，有选择地使用化学农药，严禁使用剧毒、高毒和高残留等易危害环境与污染果品的农药；选用符合无公害生产要求的长效、低毒和低残留的农药；加强预测预报工作，掌握好用药时期，改进施药技术，在确保将病虫害控制在不发生经济危害的前提下，最大限度地减少农药使用量和施用次数。在防治上，要坚持以防为主，防治结合的原则。

2. 抓好主要环节，科学用药

(1)认真做好病虫害发生的预测预报工作

在园内利用性诱剂或黑光灯诱虫等方法，对虫情进行观察测报，并尽量收集利用本地区相关农业技术部门的病虫害预测预报信息，进行综合分析，准确掌握病虫害发生动态，为适时施药提供依据。

(2)抓住最有利时机实施防治

找出病原物和害虫生活史中的薄弱环节，抓住最有利防治的时机，做到在病虫害发生的高峰期之前和盛发期之前及时用药。另外，要改变不重视采收后防治的习惯，对果实采收后发生的一些危害严重的病虫害，如叶斑病、二斑叶螨、舟形毛虫等，进行及时有效防治。

(3)科学用药

根据病虫害的发生与危害规律，选用对症的高效、长效、低毒、低残留的药剂。要严格按药剂使用说明配对施用浓度。浓度既不可偏小，也不可过大。偏小起不到防治效果，过大会产生药害。特别是多种农药混用时，更要控制好浓度。相同作用的药剂，混用时不能超过两种以上，以防发生药害和造成浪费。几种农药混用时，必须以混合后有兼治、增效而不降低药效和不产生药害为前提。提倡几种有效农药交替使用，尽量避免长时间连续使用同一种农药，以免使防治对象产生抗药性。要提高施药操作质量，务求周到细致，对病虫害发生重点部位更要保证质量。要采取多种灵活用药的方法。化学农药，最主要的使用方法是喷雾，但不应是惟一的最好方法。在病虫害防治中，可根据病原物与害虫的习性及特点，灵活运用各种有效方法，如地面施用、枝干涂抹等。地面喷药是防治桃小食心虫的最主要的有效方法之一。而对蚜虫等刺吸式口器的害虫，枝干涂药则有很好的防治效果。

对不同栽培条件下的甜樱桃，防治病虫害时应采取不同的防治措施和不同的施药浓度。露地和保护地栽培的甜樱桃，二者的病虫害发生和树体对药物的反应，有许多不同之处，应根据这些区别，采取不同的技术措施防治病虫害。如在覆盖期间的保护地甜樱桃，其叶片和果实的器官组织较嫩，对农药的适应和抗性较低，加之又是在密闭的环境中，对农药的反应程度也不同。所以，对这一时期的保护地甜樱桃，用药浓度要比露地的适当低一些，以防止产生药害。

不管是露地还是温室甜樱桃园，都必须在萌芽前喷一次5波美度的石硫合剂，或70%的索利巴尔可溶性粉剂80倍液,或 45%的晶体石硫合剂 30 倍液等杀菌剂,进行病虫害防治。此次施药非常重要,必须认真喷施好。

3. 使用无公害药剂

生产中要严格按无公害生产要求使用农药,严禁使用国家明文规定禁止使用的剧毒、高毒、高残留的农药;要根据有关规定严格控制有机合成农药在一个生长期的使用次数、使用量和安全用药间隔期。

4. 实行综合防治

为了既可有效防控病虫害,又不对生态环境条件和果品造成污染,而且还能节约防治费用,提高生产效益,在病虫害防治中,应以农业防治、人工防治、生物防治和物理防治为主,化学防治为辅,实行综合防治。

(1)植物检疫

在调运种子、接穗和苗木时,必须遵守植物检疫的各项规定,禁止携带美国白蛾和绵蚜等检疫性病虫的种子、接穗和苗木进入非疫区。

(2)农业防治

创造有利于甜樱桃树生长发育的环境条件,使其生长健壮,提高抵御病虫害的能力;创造不利于病虫害发生和蔓延的条件,减轻或限制病虫的危害。具体措施有:正确选择园址、土壤、品种和砧木;合理施肥、灌水和整形修剪;落叶后或萌芽前按时清园,清除杂草、枯枝和落叶等(图 7-1);合理负载,适时采收等。

(3)生物防治

利用有益生物来防治病虫害,不污染环境,对人、畜及果

图 7-1　清扫果园

品安全，还能保持农业生态平衡。具体措施有：以虫治虫，如利用害虫的天敌瓢虫、赤眼蜂、方头甲（图 7-2）和草青蛉等，防治螨类害虫、卷叶虫、介壳虫和蚜虫等。以菌治虫，如用苏云金杆菌、青虫菌等防治毛虫、食心虫和金龟子等；以菌治病，如以农用链霉素和春雷菌素等防治穿孔病和溃疡病等。以昆虫激素防治害虫，如用性外激素或性诱激素等，使害虫发育畸形或死亡。以动物治虫，如利用蜘蛛、食虫鸟、蟾蜍和青蛙等动物，捕捉各种害虫。

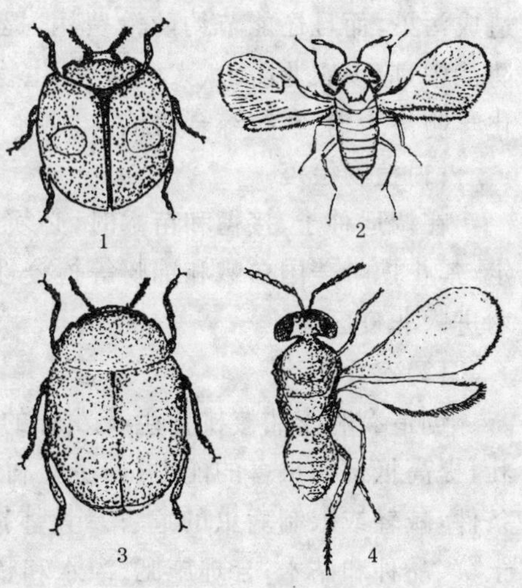

图 7-2　害虫天敌

1. 红点唇瓢虫　2. 赤眼蜂
3. 方头甲　4. 软蚧蚜小蜂

(4)物理防治

防治病虫害的物理方法，包括捕杀、诱杀和热处理等。捕杀，是利用人工捕杀和机械捕杀，如利用金龟子、象甲等害虫的假死性，对其进行人工捕捉。诱杀，是利用灯光

或性诱剂等，诱杀各种金龟子和蛾类害虫（图 7-3）；利用插树

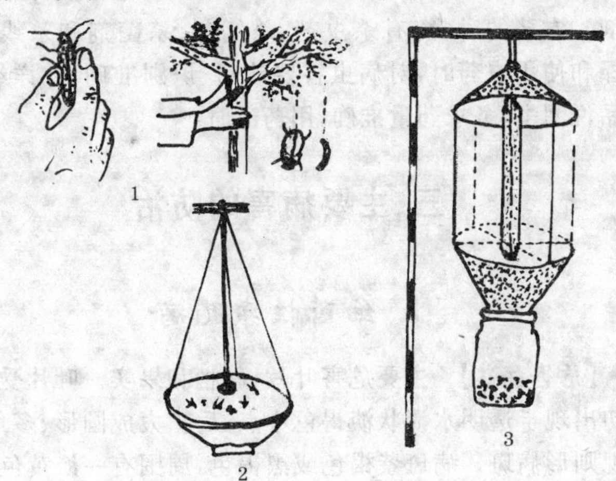

图 7-3 物理防治方法

1. 人工捕捉 2. 性诱剂诱杀 3. 黑光灯诱杀

枝或束草的方法诱杀各种蛾类害虫，利用色板诱杀蚜虫，以及利用食饵诱杀蛾类害虫（图 7-4）。热处理是利用一定的热源，如日光、温水、原子能和紫外线等，杀死病菌和害虫。此外，地面覆塑料膜，也是阻止害虫出土为害和病菌扩散的有效防治方法。

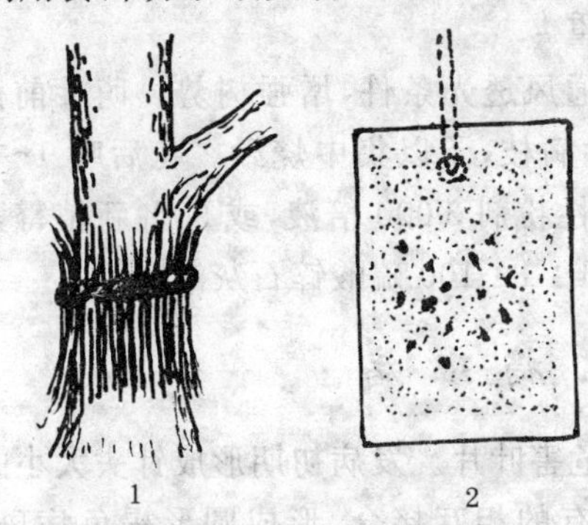

图 7-4 物理防治方法

1. 束草诱杀 2. 色板诱杀

(5) 化学防治

化学防治，是采用化学药剂防治病虫害。药剂防治见效快，但应注意首先要选择生物

药剂和矿物药剂，其次要选择高效低毒、低残留的无公害化学药剂。农药的种类，有杀虫剂、杀螨剂、杀菌剂和杀线虫剂。选择和使用农药时，对病虫害要诊断、识别准确，并详细阅读药品说明书，务求药量准确，用药适时。

三、主要病害的防治

1. 细菌性穿孔病

【危害症状】 主要危害叶片、新梢和果实。叶片受害后，最初出现半透明水渍状淡褐色小点，后扩大成圆形、多角形或不规则形病斑。病斑紫褐色或黑褐色，周围有一淡黄色晕圈。湿度大时，病斑后面常溢出黄白色黏质状菌脓，病斑脱落后形成穿孔。

【传播途径】 病菌在落叶或枝梢上越冬，借风雨及昆虫传播。园内湿度大、温度高和春、夏雨季或多雾时发病重。树势弱或偏施氮肥时发病重。

【防治方法】 改善通风透光条件，增强树势。萌芽前彻底清除枯枝和落叶，剪除病枝，予以集中烧毁。花后喷1～2次72%农用链霉素可湿性粉剂3 000倍液，或90%新植霉素3 000倍液，生长后期喷1∶1∶100硫酸锌石灰液。

2. 褐斑病

【危害症状】 主要危害叶片。发病初期形成针头大小的紫色小斑点，以后扩大，有的相互接合，形成圆形褐色病斑。病斑上产生黑色小粒点。最后，病斑干燥收缩，周缘产生离层，常由此脱落成褐色穿孔状，边缘不明显，多提早落叶。

【传播途径】 病菌在被害叶片上越冬。第二年温、湿度适宜时，产生子囊和子囊孢子，借风雨或水滴传播侵染叶片。此病在7～8月份发病最重，保护地栽培在揭膜前后发病也重，可造成早期落叶。树势弱、雨量多而频、地势低洼、排水不良时发病重。

【防治方法】 农业防治方法可参照樱桃细菌性穿孔病防治。谢花后至采果前，喷1～2次70%代森锰锌可湿性粉剂800倍液，或50%多菌灵可湿性粉剂600倍液；采果后，喷2～3次1∶2∶200～240倍波尔多液。

3. 流胶病

【危害症状】 主要危害枝干。患病树在枝干伤口处以及枝杈夹皮死组织处溢泌树胶。流胶后病部稍肿，皮层及木质部变褐腐朽，导致树势衰弱，严重时枝干枯死。

【发病规律】 树势过旺或偏弱、伤口多、土壤通气不良、涝害、冻害、乙烯利使用浓度过高时发病重。

【防治方法】 选择透气性好、土质肥沃的砂壤土或壤土栽植甜樱桃；避免涝害、冻伤、日灼伤和机械损伤。增施有机肥料，提高树体抗性。以生长季整形修剪为主，合理负载。对已发病的枝干，要及时彻底刮治，并用生石灰10份、石硫合剂1份、植物油0.3份，加水调制成保护剂，涂抹伤口。

4. 根瘤病

【危害症状】 此病又称根癌病。主要发生在根颈和根系上及嫁接口处。发病初期病部形成灰白色瘤状物，表面粗糙，内部组织柔软，白色。病瘤增大后，表皮枯死，变为褐色至暗褐色，内部组织坚硬木质化，病树长势衰弱。

【传播途径】 病原细菌在病组织中越冬，通过各种伤口侵入寄主体内。传播媒介有水和昆虫。土壤湿度大，通气性不良，有利于发病。中性、微碱性土壤和微酸性土壤发病轻，重茬地和菜园地发病重。

【防治方法】 选用抗病力较强的砧木。选用无病瘤苗木。选择透气性好、土质肥沃的、无重茬地段栽植甜樱桃树。栽植苗木前用 30 倍液根癌宁（K84）浸根 5 分钟，消灭病原菌。

5. 煤污病

【危害症状】 这是保护地覆盖期间容易发生的病害。露地园 7～8 月间通风透光不良时也有发生。主要危害叶片。叶面受害后初时产生污褐色圆形或不规则形的霉点，后形成煤灰状物，影响光合作用。

【传播途径】 以菌丝和分生孢子在病叶上或在土壤内及植物残体上越冬，借风雨、水滴、蚜虫和介壳虫等传播蔓延。树冠郁闭、通风透光条件差、湿度大时易发此病。

【防治方法】 改善通风透光条件，防止园内空气湿度过大。及时防治各种害虫，喷布 50%多菌灵可湿性粉剂 600 倍液，或 50%多霉灵可湿性粉剂 1 500 倍液消灭病原菌。

6. 褐腐病

【危害症状】 此病又称灰星病，是引起果实腐烂的重要病害。主要危害花和果实。花朵发病时，花瓣变成褐色干枯，幼果发病时果面发生黑褐色斑点，后扩大为茶褐色病斑，不软腐。成熟果发病时，果面初现褐色小斑点，后迅速蔓延引起整果软腐，病果成为僵果悬挂树上。

【传播途径】 病菌在落地病果及树上僵果内越冬。翌年春季随风雨、水滴或作业工具等途径传播。地表湿润、灌水后遇到连续阴天、雨天或雾天，易引起果实病害流行。栽植密度大及修剪不当、透光通风条件差时发病重。

【防治方法】 及时收集病叶和病果，清除枯枝落叶，予以集中烧毁或深埋。改善通风透光条件，防止园内湿度过大。开花前或落花后喷施77%可杀得可湿性微粒粉剂 500 倍液，或 50%速克灵可湿性粉剂 2 000 倍液杀灭病菌。

7. 灰霉病

【危害症状】 该病主要危害幼果和叶片。初侵染时，病部成水渍状，果实变为褐色，后在病部表面密生灰色霉层，果实软腐，最后病果干缩。

【传播途径】 病菌以菌核及分生孢子在病果上越冬。翌年樱桃展叶后随水滴、雾滴和风雨传播侵染。

【防治方法】 及时清除树上和地面的病果落叶，予以集中深埋或烧毁；落花后及时喷布 70%代森锰锌 800 倍液，或 50%速克灵可湿性粉剂 2 000 倍液消灭病菌。

8. 叶斑病

【危害症状】 该病主要危害叶片。被侵染的叶片产生色泽不同的死斑，扩大后成褐色或紫色，中部先枯死，后逐渐向外枯死。斑点形状不规则。数斑连合后可使叶片大部分枯死。病斑出现后，叶片变黄，甚至脱落。

【传播途径】 在落叶上越冬的病菌，第二年春暖后形成子囊及子囊孢子。樱桃开花时，孢子成熟，随风雨传播，侵入树体后经 1～2 周的潜伏期，即表现出症状，并产生分生孢子，借风雨重复侵染。该病 7～8 月份发病重。

【防治方法】 参考褐斑病防治。

9. 皱叶病

【危害症状】 该病属类病毒病害。感病植株叶片形状不规则，过度伸长、变狭和皱缩，常常有淡绿与绿色相间的不均衡颜色。无光泽。皱缩的叶片，有时在整个树冠上都有，有时只在个别枝上出现。感病树花朵畸形，坐果率低。

【防治方法】 对于病毒病的防治，目前尚无有效的方法和药剂。根据此类病害的侵染发病特点，在防治上应抓好以下几个环节：一是引种时不要引入有病毒的苗木和接穗，幼树发病及时予以铲除；二是对已感染病毒的树在修剪、嫁接时，工具要专用和消毒，防止传播病毒；三是不要采集带病毒树上的花粉进行授粉；四是防治好传毒昆虫，如叶螨和叶蝉等。防治的关键是消灭毒源，切断传播途径。

10. 立枯病

【危害症状】 该病又称烂颈病、猝倒病，属苗期病害。主要危害砧木实生幼苗。幼苗染病后，初期在茎基部产生椭圆形暗褐色病斑，病苗白天萎蔫，夜间恢复。后期病部凹陷腐烂，绕茎一周后，幼苗即倒伏死亡(图 7-5)。

【传播途径】 立枯病病菌在土壤和病组织中越冬。在种子发芽到 4 片真叶期间均可感病，但以子叶期感病较重。遇阴雨天气，病菌蔓延迅速。蔬菜地和重茬地栽植的甜樱桃易发病。

【防治方法】 育苗土地要避免重茬。在幼苗发病前期，用 70％恶霉灵可湿性粉剂 1 000 倍液，或 70％甲基托布津可

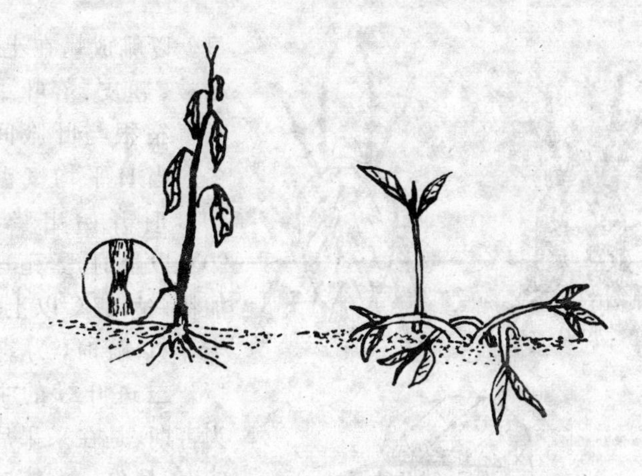

图 7-5　立枯病

湿性粉剂 800 倍液喷施防治。

四、主要害虫的防治

1. 叶　螨

【危害状况】　叶螨类害虫主要有二斑叶螨(白蜘蛛)和山楂叶螨(红蜘蛛)。均以成螨和若螨刺吸嫩芽、叶片汁液,被害处出现失绿斑点,严重时叶片灰黄脱落。

【形态特征】　二斑叶螨雌成螨为椭圆形,长约 0.5 毫米,灰白色,体背两侧各有一个褐色斑块。雄成螨成菱形,长约 0.3 毫米。卵为圆球形,初期为白色,后期为淡黄色。山楂叶螨冬型雌成螨体长 0.4 毫米,朱红色,有光泽;夏型雌成螨体长 0.7 毫米,暗红色。雄成螨体长 0.4 毫米,初期红色,后期橙黄色(图 7-6)。

【发生规律】　叶螨一年发生 8～10 代,世代重叠现象明

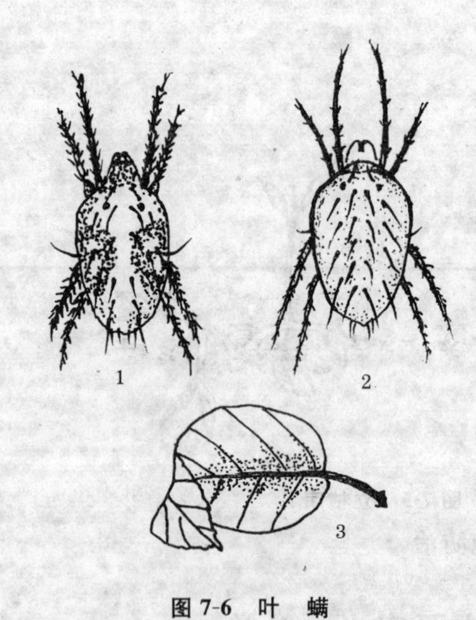

图 7-6 叶 螨

1. 二斑叶螨 2. 山楂叶螨 3. 叶片被害状

显。以雌成螨在土缝、枯枝、翘皮、落叶中或杂草宿根与叶腋间越冬。当日平均气温达10℃时开始出蛰，达20℃以上时，繁殖速度加快；达27℃以上，且干旱少雨时，为害猖獗。二斑叶螨的主要为害期，是在采果后的6～8月份。山楂叶螨的最早为害期在萌芽后，成螨产卵于叶片背面。幼螨、若螨孵化出来后，即可刺吸叶片汁液。虫口密度大时，成螨有吐丝结网，在丝网上爬行的习性。

【防治方法】 清除枯枝落叶和杂草，予以集中烧毁。结合秋、春树盘松土和灌溉，消灭越冬雌虫，压低越冬基数。利用深点食螨瓢虫和粉蛉等天敌防治该虫。萌芽前没喷石硫合剂的，可在花前喷一次0.5%海正灭虫灵乳剂3 000倍液。以后在害螨发生期，用1.8%齐螨素乳油4 000倍液，或20%哒螨灵乳油2 000倍液，进行喷施防治。发生严重时，可间隔5～7天喷药一次，连续防治2～3次。

2. 桑白蚧

【危害状况】 该虫又称桑盾蚧、树虱子。以雌成虫和若虫群集固定在枝条和树干上吸食汁液为害。枝条和树干被害后，树势衰弱，严重时枝条干枯死亡。一旦该虫发生而又不采取有效措施防治，则会在3～5年内造成全园被毁。

【形态特征】 雌成虫介壳灰白色，扁圆形，直径约2毫米，背隆起，壳点黄褐色，位于介壳中央偏侧。壳下的虫体枯黄色。雄成虫介壳细长，约1毫米，灰白色，壳点在前端。羽化后虫体枯黄色，有翅可飞。卵为椭圆形，橘红色。若虫扁卵圆形，浅黄褐色，能爬行。2龄若虫开始分泌蜡质形成介壳。雄虫蜕皮时其壳似白粉层（图7-7）。

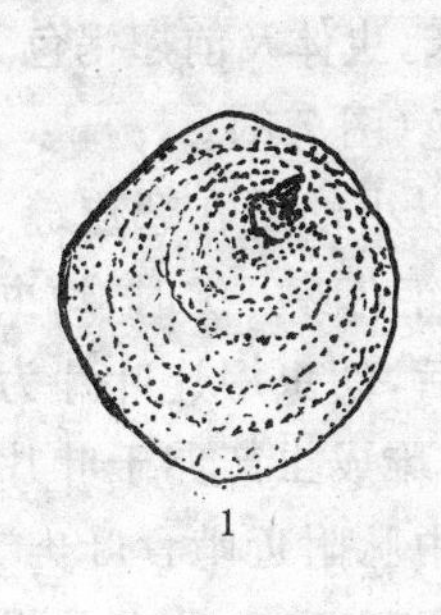

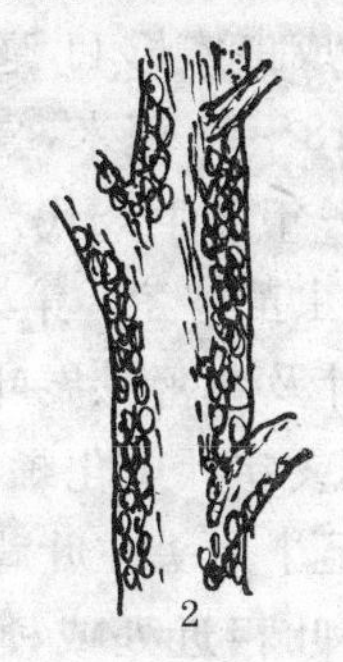

图7-7 桑白蚧

1. 雌成虫 2. 枝干被害状

【发生规律】 该虫一年发生2～3代，以受精雌成虫在枝条上越冬。第二年树体萌动后开始吸食为害，并产卵于介壳下，每头雌成虫可产卵百余粒。初孵若虫在雌介壳下停留数小时后逐渐爬出，分散活动1～2天后，即固定在枝条上为害。经5～7天后，开始分泌出绵状白色蜡粉，覆盖整个体表。随即蜕皮，继续吸食为害，并分泌蜡质形成介壳。采果后，该虫危害严重。

【防治方法】 落叶后，用细钢丝刷或硬毛刷，刷除越冬成虫。剪除有虫枝条。在若虫孵化期，利用方头甲、软蚧蚜小蜂等天敌防治该害虫。采果后进行喷药防治，可喷布45％晶体石硫合剂120倍液，或28％蚧宝乳油1000倍液，或40％速蚧杀乳油1000倍液，消灭该虫。

3. 卷叶蛾

【危害状况】 该虫又称卷叶虫，有苹小卷叶蛾和褐卷叶蛾两种。均以幼虫吐丝缀连嫩叶和花蕾为害，使叶片和花蕾成缺刻状。幼果期幼虫可啃食果皮和果肉，使果面成小坑洼状。幼虫稍大后，危害果面成片状凹陷大伤疤。

【形态特征】 苹小卷叶蛾成虫体长 6～8 毫米，棕黄色或黄褐色。卵为椭圆形，淡黄色，半透明。幼虫体长 13～18 毫米，淡黄绿色。褐卷叶蛾成虫体长 11 毫米，虫体及前翅褐色，后翅灰褐色。幼虫体长 18～22 毫米，绿色(图 7-8)。

【发生规律】 该虫一年发生 3 代。以小幼虫在翘皮缝、剪锯口等缝隙中，结白色虫茧越冬。第二年花芽开绽时，幼虫开始出蛰，危害嫩芽、嫩叶及花蕾。展叶后，幼虫缀连叶片为害，老熟后在两叶重叠处或卷叶中化蛹。雌成虫产卵于叶片背面。初孵化幼虫数头至十余头在叶背中脉附近啃食叶肉。3 龄后，部分幼虫爬至果叶相近处或梗洼中，啃食果肉及果皮。9 月中下旬，幼虫陆续做茧越冬。幼虫受触动后立即吐丝下垂。

【防治方法】 发芽前彻底刮掉树上翘皮，并及时烧毁，利用黑光灯诱杀或放赤眼蜂防治。用拟除虫菊酯类药剂 1 000 倍液，涂抹剪口、锯口及翘皮处，杀死茧中越冬幼虫。在花序分离期喷 20%除虫脲悬浮剂 1 500 倍液，或 20%杀灭菊酯乳油 4 000 倍液防治。

4. 绿盲蝽

【危害状况】 该虫又称绿椿象。以成虫和若虫刺吸嫩梢、嫩叶和幼果的汁液。叶片被害后，最初出现褐色小斑点。

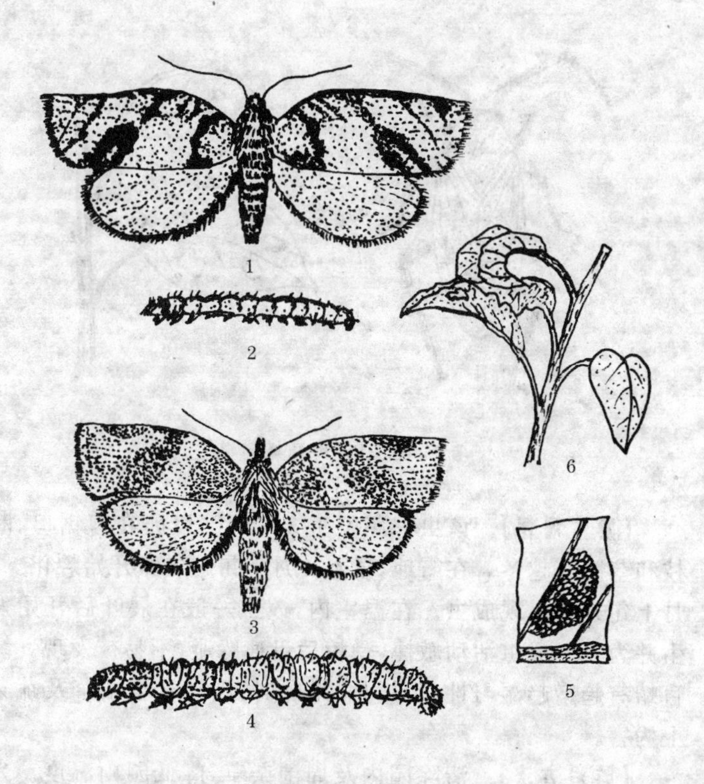

图 7-8　卷叶蛾

1. 苹小卷叶蛾成虫　2. 苹小卷叶蛾幼虫　3. 褐卷叶蛾成虫
4. 褐卷叶蛾幼虫　5. 褐卷叶蛾卵块　6. 叶片被害状

随着叶片的生长，褐色斑点破裂，轻则穿孔，重则成破碎状。幼果被害后，形成小黑点。随着果实的增大，果面出现不规则的锈斑，严重时果实成畸形生长。

【形态特征】 成虫体长 5 毫米，绿色，头成三角形，黄褐色。卵呈口袋状，黄绿色。若虫体形与成虫相似，绿色，三龄若虫出现翅芽(图 7-9)。

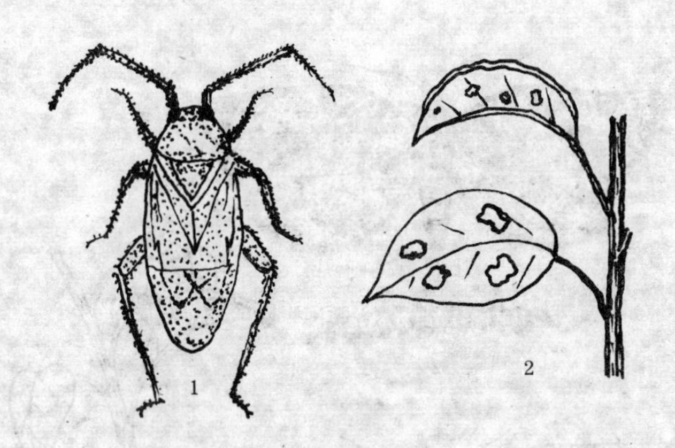

图 7-9　绿盲蝽

1. 成虫　2. 叶片被害状

【发生规律】　该虫一年发生 3～5 代，以卵在剪锯口、断枝和茎髓部越冬。在露地，早春 4 月上旬越冬卵开始孵化。5 月上旬开始出现成虫。在温室内，该虫一般在展叶后开始发生并为害。成虫活动敏捷，受惊后迅速躲避，不易被发现。绿盲蝽有趋嫩趋湿习性，无嫩梢、嫩叶时，则转移至杂草及蔬菜上为害。

【防治方法】　清除园内及周围杂草，降低园内湿度。发现新梢嫩叶有褐色斑点时，可喷布 10%吡虫啉可湿性粉剂 3 000 倍液，或 2.5%扑虱蚜可湿性粉剂 2 000 倍液，消灭幼虫。

5. 黄尾毒蛾

【危害状况】　该虫又称金毛虫、盗毒蛾。以幼虫危害新芽和嫩叶，被食叶成缺刻或只剩叶脉。

【形态特征】　成虫体长 13～15 毫米，白色。卵，扁圆形，灰黄色，数十粒排成卵块，表面覆盖雌虫腹末脱落的黄毛；幼虫体长 30～40 毫米，黑色(图 7-10)。

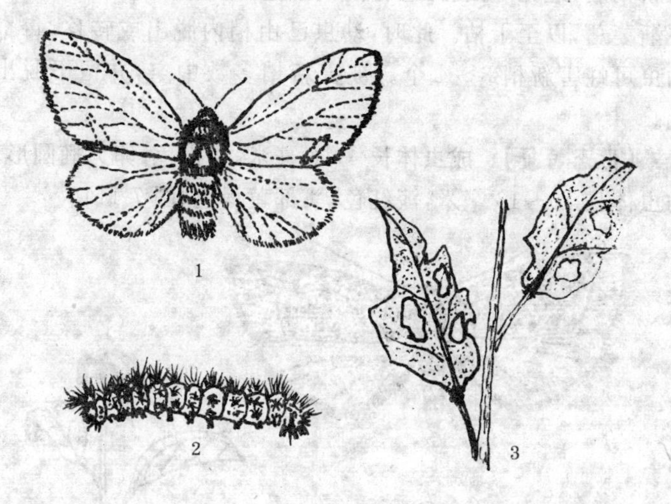

图 7-10　黄尾毒蛾

1. 成虫　2. 幼虫　3. 叶片被害状

【发生规律】 该虫一年发生 2～3 代。以 3～4 龄幼虫结灰白色茧，在树皮裂缝或枯叶内越冬。第二年树体发芽时，越冬幼虫出蛰为害。变为成虫后，产卵于枝干或叶背。幼虫孵出后群集为害，稍大后分散。8～9 月份出现下一代成虫。产卵孵化的幼虫为害一段时间后，在树干隐蔽处越冬。

【防治方法】 刮除老翘皮，防治越冬幼虫。在成虫期，用黑光灯诱杀。在幼虫为害期，可进行人工捕杀。发生数量多时，可喷布 20%氰戊菊酯乳油 2 000 倍液防治。

6. 梨小食心虫

【危害状况】 该虫又称折梢虫。以幼虫为害嫩梢。为害时，多从新梢顶端叶柄基部蛀入髓部，由上向下取食。幼虫蛀入新梢后，蛀孔外面有虫粪排出和树胶流出，蛀孔以上的叶片逐渐萎蔫，以至干枯。此时，幼虫已由梢内脱出或转移，每个幼虫可蛀害新梢 3～4 个。被害新梢多数中空，并留下脱出孔。

【形态特征】 成虫体长 4～6 毫米，灰褐色；卵为椭圆形。幼虫体长 10～13 毫米，淡红色，头部黄褐色(图 7-11)。

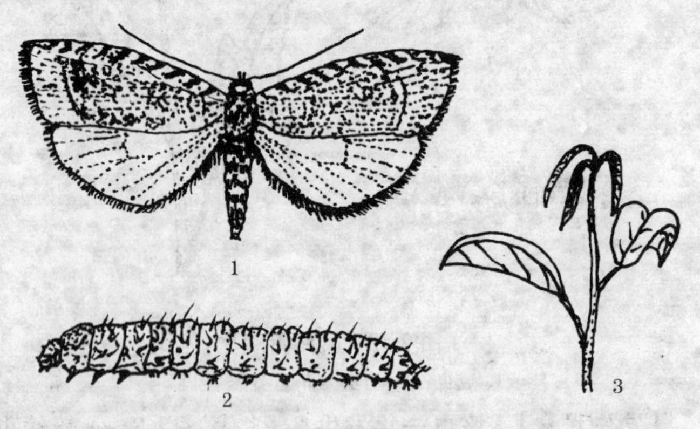

图 7-11 梨小食心虫

1. 成虫 2. 幼虫 3. 新梢被害状

【发生规律】 该虫一年发生 3～4 代，以老熟幼虫在树皮缝内或其他隐蔽场所，做茧越冬。第二年早春 4 月中旬，越冬幼虫开始化蛹。危害严重的是 7～9 月间的第二、第三代幼虫，尤其是在苗圃发生为害较重。

【防治方法】 在被害新梢顶端叶片萎蔫时，及时摘掉有虫新梢，带出园外深埋；用糖醋液或束草诱杀。在各代成虫发生期，取红糖 1 份，醋 2 份，水 10～15 份，混合均匀后，盛入直径为 15 厘米左右的大碗内，用细铁丝将碗悬挂在树上或支架上，诱使成虫投入碗中淹死，每日及时捡出死亡成虫，每 667

平方米挂碗 5～10 个。当诱蛾量达到高峰时的 3～5 天后，是喷药防治适期，可选用 30％桃小灵乳油 2 000 倍液，或 25％灭幼脲 3 号悬浮液 1 000 倍液，喷施防治。

7. 潜叶蛾

【危害状况】 该虫以幼虫潜入叶片内取食叶肉，使叶片留下宽约 1 毫米的条状弯曲虫道，粪便排在虫道的后边。一片叶内可有数头幼虫。但虫道不交叉，严重时叶片破碎，干枯脱落。

【形态特征】 成虫体长 3～4 毫米，银白色。卵为球形，乳白色。幼虫体长 4.8～6 毫米，淡绿色。茧近菱形，白色，外罩"工"字形丝帐，悬挂于叶背。从茧外可透视幼虫或蛹的体色（图 7-12）。

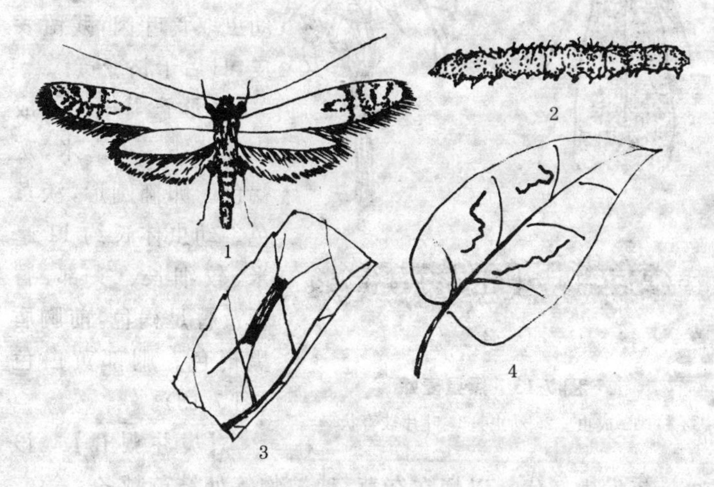

图 7-12 潜叶蛾

1. 成虫 2. 幼虫 3. 茧 4. 叶片被害状

【发生规律】 该虫一年发生5～7代，以蛹在被害叶背面结茧越冬。第二年展叶后，越冬幼虫开始羽化。成虫将卵散产于叶表皮内。幼虫孵化后即蛀入叶肉为害。幼虫老熟后咬破表皮爬出，吐丝下垂在下部叶片背面做茧，在茧内化蛹。潜叶蛾在8月份至9月下旬发生较重。大发生时，秋梢上的叶片几乎全部被害，叶片破裂脱落。在保护地中，罩棚期间很少发生此虫。

【防治方法】 清除枯枝落叶，带出园外集中烧毁，消灭越冬虫源。在发生初期喷药防治，可喷布30％蛾螨灵可湿性粉剂1500倍液，或20％杀铃脲悬浮剂5000倍液。

8. 黑星麦蛾

【危害状况】 以幼虫取食叶肉，残留表皮，日后干枯变黄。

【形态特征】 成虫体长5～6毫米，灰褐色。卵椭圆形，淡黄色。幼虫体长约11毫米，较细长。头部、臀板及臀足褐色，前胸盾黑褐色。胴部黄白色（图7-13）。

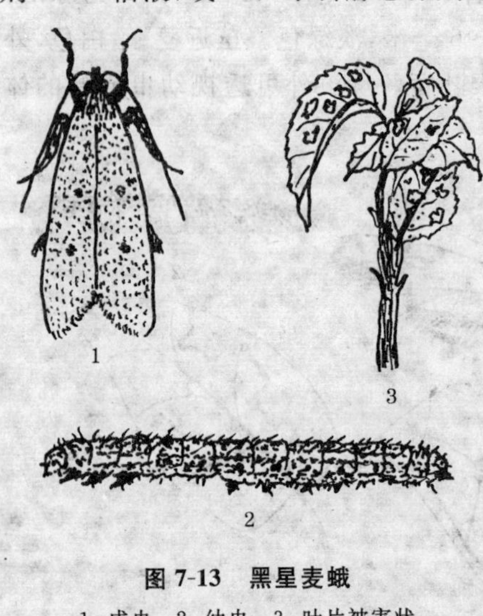

图7-13 黑星麦蛾

1. 成虫 2. 幼虫 3. 叶片被害状

【发生规律】 该虫一年发生3代。以蛹在杂草、地被物等处结茧越冬。第二年樱桃展叶后越冬蛹陆续羽化为成虫。卵多产于叶柄基部，单粒或几粒成堆。低龄幼虫在枝梢嫩叶上取食，叶片伸展后，幼虫吐丝缀叶做巢，数头或十余头群集为害。幼虫受惊动后即吐丝下垂。老熟幼虫下树，寻找杂草等处结茧化蛹，进入越冬状态。

【防治方法】 清除落叶、杂草等地被物，消灭越冬蛹。在生长季节，随时用手捏死幼虫。在幼虫为害初期，喷洒 20% 丰收宝可湿性粉剂 1 500 倍液，或 20%除虫脲悬浮剂 2 000 倍液，消灭幼虫。

9. 美国白蛾

【危害状况】 美国白蛾，又名秋幕毛虫。以幼虫群集结网为害，1～4 龄幼虫群集网巢啃食甜樱桃叶肉，使被害叶片成为网状。幼虫在 5 龄后分散为害，常将树叶吃光，影响甜樱桃树的生长。

【形态特征】 美国白蛾成虫体长 12 毫米，白色，腹面为黑色或褐色。卵近球形，浅绿色或淡黄绿色，常 300～500 粒成一块。幼虫体长 25～30 毫米，头部黑色，体细长，具毛簇瘤，体被羽状刚毛(图 7-14)。

【发生规律】 该虫一年发生 2 代，以茧蛹于树皮下缝隙、地面枯枝、落叶中越冬。第一代幼虫发生于 5 月下旬至 7 月份，第二代幼虫发生在 8～9 月份。成虫借风力传播，幼虫和蛹可随苗木、果品、林木及包装器材等运输传播。

【防治方法】 加强植物检疫工作，防止疫区扩大。在早春清扫果园、翻地、除草和刮树皮，消灭越冬茧蛹。用黑光灯诱杀成虫。及时采收卵块，剪除和烧毁虫巢卵幕。在幼虫发生期，喷洒 2.5%溴氰菊酯乳油 2 500 倍液，或 20%除虫脲悬浮剂 1 500 倍液防治。

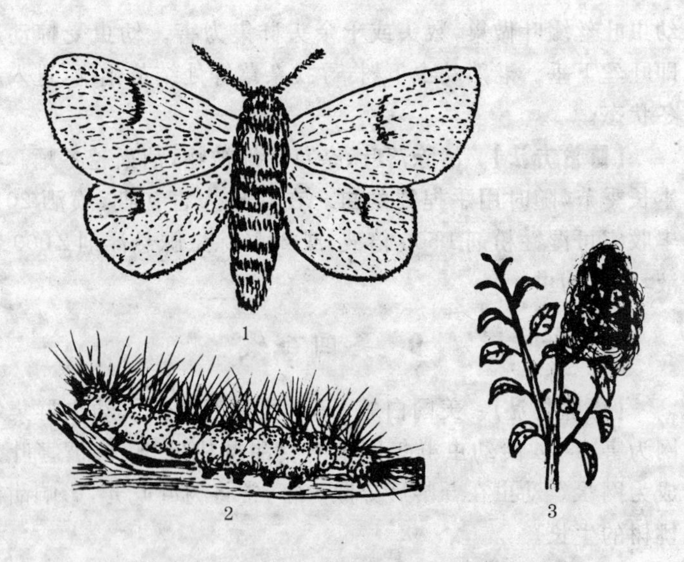

图 7-14 美国白蛾

1. 成虫 2. 幼虫 3. 新梢叶片被害状

10. 尺 蠖

【危害状况】 尺蠖又称造桥虫。主要有枣尺蠖和梨尺蠖。均以幼虫危害嫩枝、芽和叶片。被害叶呈缺刻状。

【形态特征】 枣尺蠖雌雄异形。雌蛾体长 15 毫米,前后翅均退化,灰褐色。雄蛾体长 13 毫米,体和翅灰褐色。卵椭圆形,初为浅绿色,近孵化时变为暗黑灰色,数十粒至数百粒聚集成块。老熟幼虫体长 40 毫米,灰绿色(图 7-15)。梨尺蠖雌蛾体长 7~12 毫米,无翅,灰褐色。雄蛾体长 9~15 毫米,灰褐色。幼虫体长 28~31 毫米,灰黑色(图 7-16)。

【发生规律】 尺蠖一年发生 1 代,以蛹在树下土中越冬。第二年 4 月上中旬为羽化盛期。雌蛾傍晚顺着树干爬到树

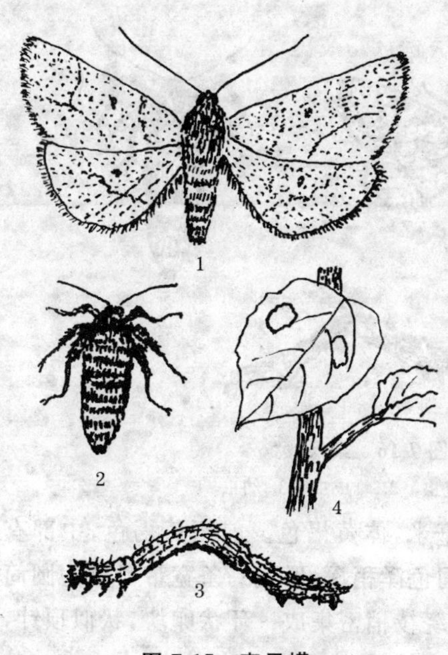

图 7-15 枣尺蠖

1. 雄成虫 2. 雌成虫

3. 幼虫 4. 叶片被害状

上，等待雄蛾交尾。卵多产在树冠枝杈、粗皮裂缝处。幼虫的危害盛期为 4 月下旬至 5 月上旬。

【防治方法】 人工捕捉幼虫，或在成虫羽化前，在树干基部缠塑料薄膜，阻止雌蛾上树。也可根据该虫的产卵习性，在塑料膜下边或在树裙下捆草绳 2 圈，或束草把，诱集雌蛾产卵，每半月更换一次，把换下的草绳集中烧毁。共换 3 次。更换时，要刮除树皮缝中的卵块。在幼虫 3 龄前，树上喷布 25%灭幼脲 3 号悬浮剂 1 500～2 000 倍液。

11. 天幕毛虫

【危害状况】 该虫又称枯叶蛾，俗称春黏虫、顶针虫。以幼虫群集在枝杈处吐丝结网危害叶片，状似天幕。芽、叶被害后残缺不全，叶片集中成片被害，严重时主、侧枝等大枝上的叶片被食光。

【形态特征】 成虫为雌雄异形。雌蛾体长约 20 毫米，体褐色。前翅褐色，中部有两条浅褐色横线，两线之间为深褐色

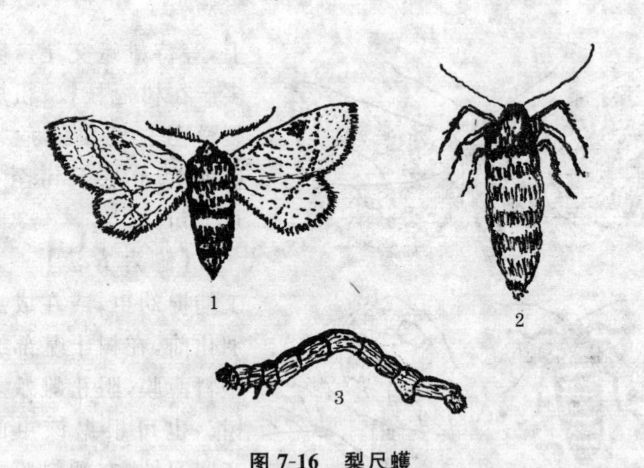

图 7-16　梨尺蠖

1. 雄成虫　2. 雌成虫　3. 幼虫

宽带。雄蛾体长约 16 毫米，体黄褐色。前翅黄褐色，中部有两条深褐色横线，两线间色泽稍深，形成一条宽带。卵为圆筒形，灰白色，约 200 粒围绕枝梢密集成一环状卵块，状似顶针，越冬后变为深灰色。幼虫体长 50～55 毫米，体背中央有一条白色纵线，其两侧各有一条橙红色纵线。虫体两侧各有一条黄色纵线。每条黄线的上、下各有一条灰蓝色纵线。体上生有许多黄白色毛。初孵化出来的幼虫体黑色(图 7-17)。

【发生规律】　该虫一年发生 1 代。以完成胚胎发育的幼虫在卵壳中越冬。樱桃展叶后，幼虫从卵壳中钻出，先在卵环附近吐丝张网，并取食嫩叶嫩芽。白天潜居网幕内，晚间出来取食。一处叶片吃尽后，再移至另一处为害。幼虫期 6 龄左右，虫龄越大，取食量越大，易暴食成灾。近老熟时分散为害。幼虫老熟后，在叶片背面或杂草中结茧化蛹，蛹期 12 天左右，羽化后在当年生枝条上产卵。

【防治方法】　结合冬剪，剪除卵环，带出园外烧毁。在幼

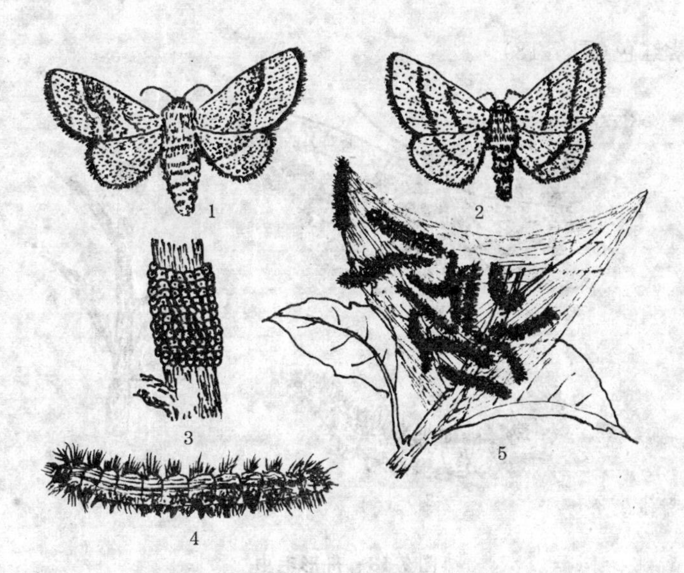

图 7-17　天幕毛虫

1. 雌成虫　2. 雄成虫　3. 卵环　4. 幼虫　5. 网幕

虫为害期，及时发现幼虫群，予以人工捕捉，或喷药防治。药剂可选喷 20%氰戊菊酯乳油 2 000 倍液，或 2.5%溴氰菊酯乳油 2 500 倍液。

12. 舟形毛虫

【危害状况】 该虫又称举尾虫。低龄幼虫咬食叶肉，被害叶片仅剩表皮和叶脉，成网状。幼虫稍大便咬食全叶，仅剩下叶柄，发生严重时可将全树叶片吃光。

【形态特征】 舟形毛虫雌蛾体长 30 毫米，雄蛾体小，黄白色。卵球形，初产出时淡绿色，近孵化时为灰褐色，常数十粒整齐排成块，产于叶背。幼虫体长 50～55 毫米，胸部和腹部背面紫黑色，腹面紫红色，初孵化幼虫土黄色，2 龄后变为紫红色(图 7-18)。

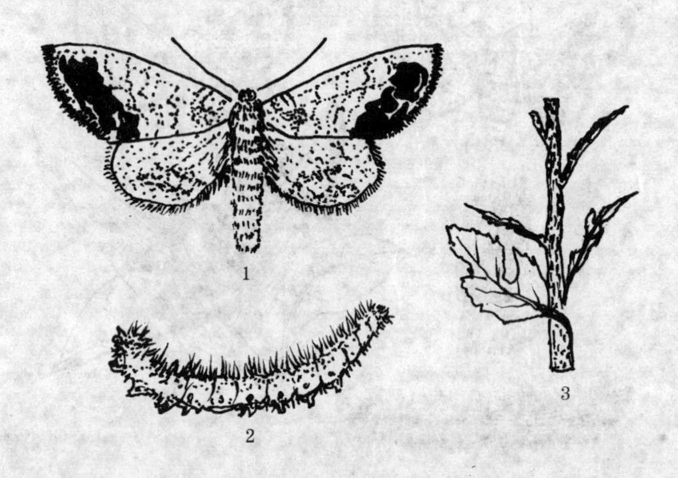

图 7-18　舟形毛虫

1. 成虫　2. 幼虫　3. 叶片被害状

【发生规律】 该虫一年发生 1 代,以蛹在树下深土层内越冬。若地表坚硬,则在枯草丛中、落叶、土块或石块下越冬。翌年 7 月上旬至 8 月中旬羽化。卵产于叶背。幼虫三龄前群集于叶背,白天和夜间取食。群集的幼虫静止时,沿叶缘整齐排列,头尾上翘,受惊扰时成群吐丝下垂。3 龄后逐渐分散取食。9 月份,老熟幼虫沿树干爬下,入土化蛹越冬。

【防治方法】 在 1～3 龄幼虫的危害期,摘除虫叶或振落幼虫集中消灭。对虫群进行喷药防治,可选用 20%氰戊菊酯乳油 2 000 倍液,或 2.5%溴氰菊酯乳油 2 500 倍液。防治低龄幼虫,可选喷 25%灭幼脲 3 号 1 500 倍液。

13. 舞毒蛾

【危害状况】 该虫又称秋千毛虫、毒毛虫。以幼虫取食叶片。低龄幼虫咬食叶片成孔状。大龄幼虫咬食叶片成缺刻,严重时可将叶片吃光。幼虫还可啃食果皮,将果面咬食成坑洼状伤疤。

【形态特征】 成虫雌雄异形。雌蛾体长为25～30毫米,全体污白色。雄蛾体长约20毫米,体褐色。卵为球形,灰褐色,常数百粒不整齐地产成卵块,表面覆被很厚的黄褐色绒毛。幼虫体长50～75毫米,头黄褐色,胸腹部黑褐色(图7-19)。

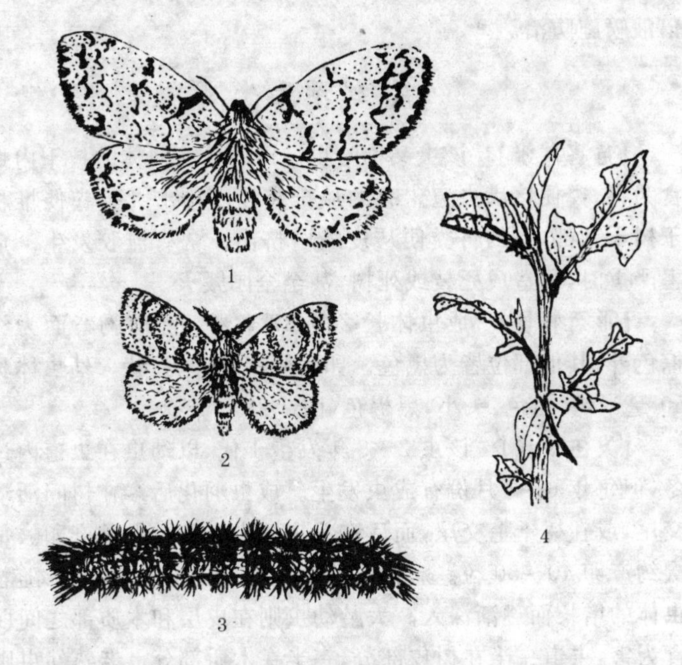

图7-19 舞毒蛾

1. 雌成虫 2. 雄成虫 3. 幼虫 4. 叶片被害状

【发生规律】 该虫一年发生1代,以完成胚胎发育的幼虫在卵壳内越冬。越冬卵块多分布在树干上、大枝阴面、树下石缝及房檐下。第二年 5 月上旬至 6 月末卵孵化，初孵幼虫可吐丝下垂，随风飘至远方。2 龄后开始分散为害，幼虫老熟后，在树干缝隙处、枯叶中或树下石缝、杂草间化蛹。每头雌蛾产卵 1～2 块，每块有卵 200～300 粒。卵完成发育后不孵化，以小幼虫在卵内越冬。

【防治方法】 人工采杀卵块。在低龄幼虫期，用 25%灭幼脲悬浮剂 1 500 倍液，或 2.5%高效氯氰菊酯类乳油 1 500 倍液喷施防治。

14. 红颈天牛

【危害状况】 该虫又称哈虫。以幼虫在树体的枝干内蛀食为害，粪便堵满虫道。有的从排粪孔内排出大量粪便堆积于树干基部，有的将粪便从皮缝内挤出。常有流胶发生。危害严重时，可造成死枝或死树，甚至全园毁灭。

【形态特征】 成虫体长 28～37 毫米。除前胸背面为红棕色外，其他部位皆为黑色。卵为乳白色，米粒状。幼虫体长 50 毫米，黄白色，头小，黑褐色(图 7-20)。

【发生规律】 该虫 2～3 年发生 1 代，以幼虫在虫道内过冬，但每年 6～7 月份有成虫发生。成虫羽化后多在树间活动交尾，或在树干上交尾，而后在粗皮缝内产卵或做巢产卵。每次约产卵 40～50 粒。孵化后的幼虫蛀入皮层取食为害，随着虫体的增长而逐渐深入。大龄幼虫则在皮层和木质部之间取食为害，虫道一半在树皮部分，一半在木质部分。老熟幼虫则蛀入木质部做茧化蛹。成虫羽化后，在虫道内停留几天，而后钻出。

【防治方法】 人工挖除幼虫或捕捉成虫。经常检查树

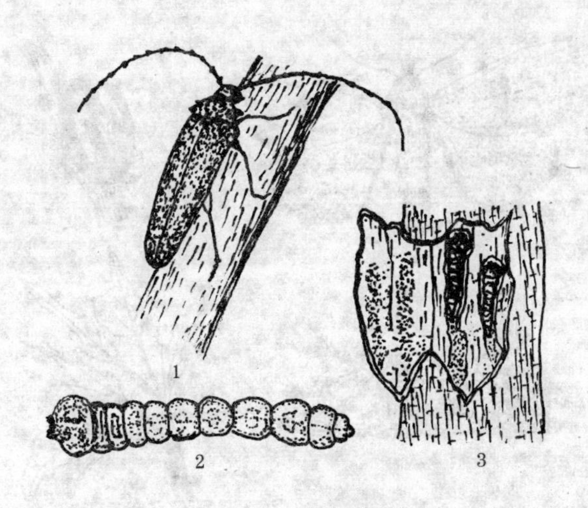

图 7-20　红颈天牛

1. 成虫　2. 幼虫　3. 树干被害状

干，发现新鲜虫粪时即用刀将幼虫挖出。在成虫羽化期捕捉成虫。5～9 月间找到深入木质部的虫孔，用铁丝钩出虫粪，塞入 1 克磷化铝药片，或塞入蘸敌敌畏的棉球，而后用泥将蛀孔堵死。也可用塑料薄膜将树干包扎严密，上下两头用绳扎紧，扎口处的粗皮要刮平。

15. 刺蛾类害虫

【危害状况】 该虫又称洋辣子。主要有黄刺蛾和青刺蛾两种。均以幼虫取食叶肉，残留上表皮或叶脉。被害叶成网状，严重时成缺刻或仅剩叶柄。

【形态特征】 黄刺蛾幼虫体长 25 毫米。虫体肥大，成长方形，黄绿色(图 7-21)。青刺蛾幼虫体长 15 毫米，绿色微黄(图 7-22)。

【发生规律】 刺蛾一年发生 1 代。黄刺蛾以老熟幼虫在

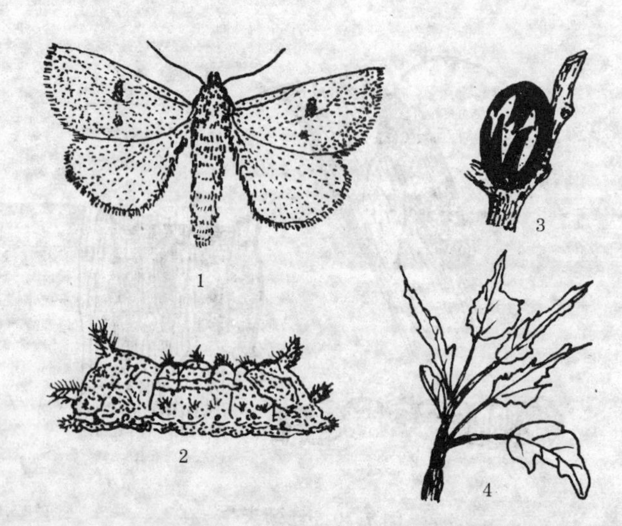

图 7-21 黄刺蛾

1. 成虫 2. 幼虫 3. 茧 4. 叶片被害状

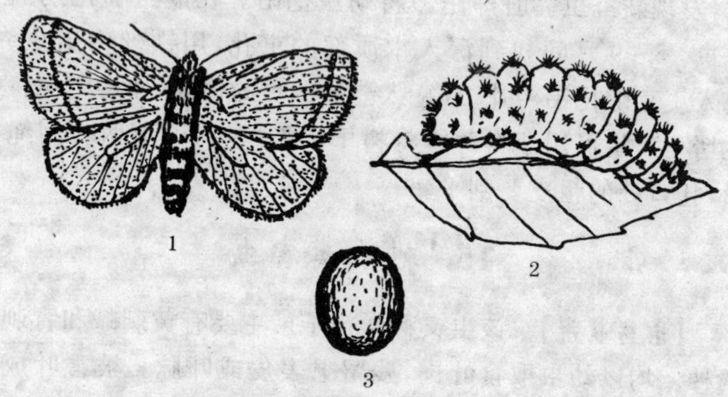

图 7-22 青刺蛾

1. 成虫 2. 幼虫 3. 茧

枝条及枝杈处结茧越冬，青翅蛾在土中越冬。6 月中下旬至 8 月上旬，为幼虫为害期。

【防治方法】 摘除越冬茧。在幼虫发生期，喷布 20%氰戊菊酯 2 000 倍液防治。

16. 青叶蝉

【危害状况】 该虫以成虫或若虫刺吸枝叶汁液。晚秋成虫越冬产卵时，用锯状产卵器将枝条皮层划成弯月形开口，产卵于其中，形成泡状突起伤疤，使枝条失水。

【形态特征】 成虫体长 7～10 毫米，绿色，头顶有两个红色单眼。卵为香蕉状(图 7-23)。

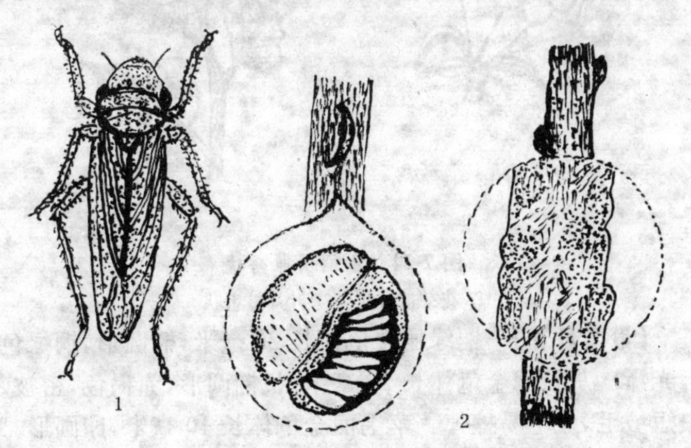

图 7-23 青叶蝉

1. 成虫 2. 枝干被害状

【发生规律】 该虫一年发生 3 代，以卵在枝干的皮层下越冬。7～10 月份危害重。

【防治方法】 合理间作，秋季不间作白菜或萝卜等蔬菜。清除杂草。用黑光灯诱杀。用 10%吡虫啉可湿性粉剂 1 000 倍液喷施防治。

17. 金龟子类害虫

【危害状况】 该虫又称瞎撞、金壳虫、金盖虫等。其种类很多。主要危害叶片、果实和花朵。受害叶片出现破洞或缺刻，严重时被吃光。花受害后，花瓣、雄蕊、雌蕊和子房全被食光（图7-24）。

图7-24 金龟子危害状

1. 花朵被害状 2. 叶片被害状

【形态特征】 铜绿丽金龟体长20毫米，椭圆形，铜绿色，有光泽。灰粉鳃金龟体长28毫米，长椭圆形，赤褐色，密被灰白短绒毛，绒毛易擦掉。苹毛丽金龟体长10毫米，卵圆形，紫铜色。黑绒金龟体长8毫米，略呈卵圆形，密被灰黑色绒毛，略有光泽，俗称缎子马褂（图7-25）。

【发生规律】 铜绿丽金龟一年发生1代，以幼虫于土中越冬。主要危害叶片，5月下旬至6月中旬危害重。灰粉鳃金龟3～4年发生1代，以幼虫和成虫在土中越冬。主要为害叶片，6～7月份危害重。苹毛丽金龟一年发生1代，以成虫在土中越冬。主要危害花，其次危害叶片，4月中旬至5月上旬危害重。黑绒金龟以幼虫或成虫于土中越冬，主要危害苗

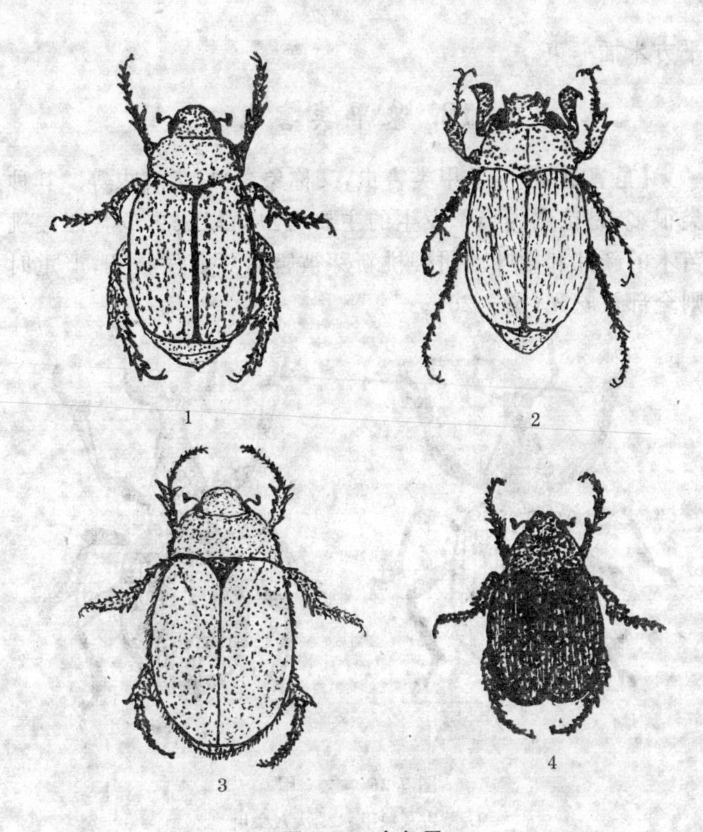

图 7-25　金龟子

1. 铜绿丽金龟　2. 灰粉鳃金龟　3. 苹毛丽金龟　4. 黑绒金龟

圃幼苗，4 月下旬至 6 月上旬危害重。

【防治方法】 在成虫发生期，利用其假死习性，组织人力于清晨或傍晚将其振落捕杀，集中消灭。或喷施 50％甲胺磷乳油 1 000 倍液防治。苗圃发生黑绒金龟子时，可用长约 60 厘米的杨树枝蘸 50％敌敌畏乳油 500 倍液（浸 2 小时），然后分散安插在苗圃内诱杀成虫，每 10 平方米插一根，或 20～30

平方米插一束。

18. 象甲类害虫

【危害状况】 象甲类害虫，又称象鼻虫、尖嘴虫等。其种类很多，是苗圃内春季发生的主要害虫。以成虫危害甜樱桃苗木的新芽和嫩叶。甜樱桃新芽被害后不萌发枝条，严重时则全部被吃光（图 7-26）。

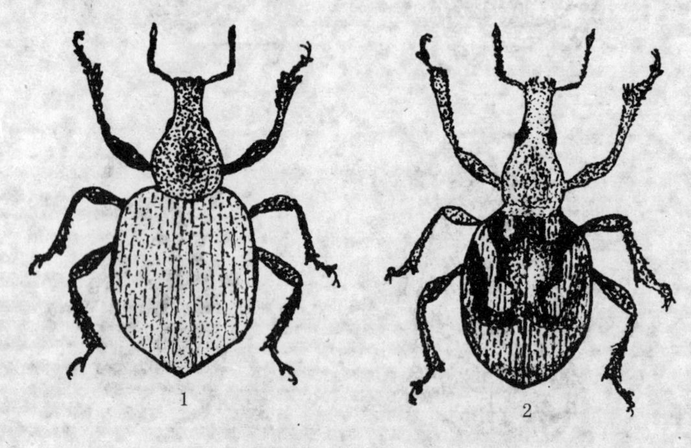

图 7-26 象 甲

1. 蒙古灰象甲 2. 大灰象甲

【形态特征】 大灰象甲体长 10 毫米，全身密被灰白色鳞毛。蒙古灰象甲体长 7 毫米，灰褐色，表面密生黄褐色绒毛。

【发生规律】 象甲一年发生 1 代，以成虫在土中越冬。第二年 4 月份出蛰，先取食杂草。甜樱桃树发芽后，爬行至树上危害新芽和叶片。6 月间大量产卵于叶背，将少量卵产于土内。幼虫取食细根和腐殖质，并做土室化蛹。羽化后的成虫当年不出土，即进入越冬状态。

【防治方法】 在象甲类害虫成虫出土前，于树干周围地面撒施 2.5%敌百虫粉剂，每株树盘用粉剂 100 克。为防止当年定植苗的新芽、新叶受害，定植后于苗木主干基部接近地面处，用挺实光滑纸扎一伞状纸套，阻止该虫上芽为害。在早晨或傍晚，人工捕捉树上成虫，集中消灭。在成虫发生期，喷 50%甲胺磷乳油 1 000 倍液，或 50%杀螟松乳油 1 000 倍液防治。

19. 蛴螬类害虫

【危害状况】 该虫又称蛭虫、大脑袋虫、鸡粪虫。蛴螬是金龟子的幼虫。主要啃食树的根茎皮层。幼苗受害主要是从根茎部咬断而使其死亡(图 7-27)。

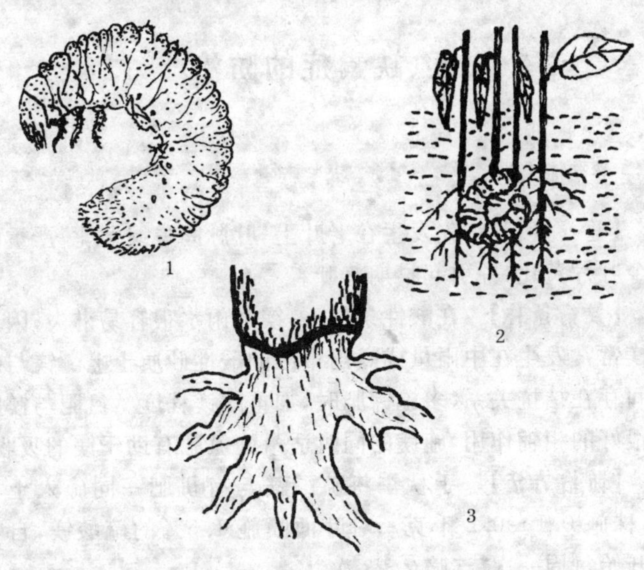

图 7-27 蛴 螬

1. 金龟子幼虫 2. 幼苗被害状 3. 树根被害状

【形态特征】 虫体乳白色，头赤褐色或黄褐色。体弯曲，体壁多皱褶。有胸足3对，特别发达，腹部无足。末端肥大，腹面有许多刚毛。

【发生规律】 越冬蛴螬于10厘米处土温达10℃左右时，开始上升至土壤表层。地温达20℃左右时，主要在10厘米以上土层活动取食，秋季地温下降至10℃以下时，又移向深处的不冻土层内越冬。

【防治方法】 在深翻树盘和苗圃地，以及耕耙、起垄做畦时，捡出幼虫集中消灭。在虫口密度大的苗圃地，耕翻时要喷施2.5%高效氯氰菊酯乳油1 500倍液。发现苗木萎蔫时，要将根茎周围的土挖开捕捉并杀死幼虫。

五、缺素症的防治

1. 缺　镁

【症　状】 首先发生在老叶上，叶脉间失绿黄化，严重时整个叶片黄化，并引起早期落叶。

【发病条件】 在酸性条件下，镁经雨水很容易淋失，因此缺镁常常发生在中雨量或高雨量区的酸性砂质土上。镁与钾之间存在拮抗关系，多施钾肥时，加重缺镁程度。氮肥与镁肥有很好的相辅作用，施镁的同时适量施氮肥有助于镁的吸收。

【防治方法】 于秋季将硫酸镁与有机肥一同施入土壤中，株施0.1～0.2千克。对叶面喷施1.5%的硫酸镁，自花后开始每周一次，连喷2～3次。

2. 缺　硼

【症　状】 主要表现在先端幼叶和果实上。缺硼时，幼叶脉间失绿，果实出现畸形，无种子等。

【发病条件】 在施氮、钾和钙多的情况下，影响硼的吸收，因而容易缺硼。在干旱少水的情况下，降低土壤中硼的有效性，也易缺硼。

【防治方法】 于秋季土施硼砂，将其与有机肥一同施入，每株施0.1～0.2千克。从开花前1～2周开始至采收前叶面喷施硼砂液2～3次，浓度为0.2%～0.3%。

3. 缺　铁

【症　状】 主要表现在嫩叶上，开始叶肉变黄，叶脉呈绿色网纹状失绿。随着病势的发展，失绿程度加重，整叶变成黄白色，叶缘枯焦引起落叶，新梢顶端枯死。

【发病条件】 土壤盐碱较重时易发生缺铁症。

【防治方法】 叶面喷施0.3%～0.5%浓度的硫酸亚铁溶液。

六、提高防御自然灾害及其他灾害效益的方法

对甜樱桃造成危害的自然灾害，主要有风害、涝害、晚霜、冻害、抽条及鸟兽等危害。其症状及防御方法分别如下：

1. 风　害

在多风地区栽植甜樱桃，各季节中都可能对树的生长发育造成危害。

在北方内陆地区，冬、春季的大风可造成树体失水，枝条抽干，冷风害对幼旺树危害严重，会导致枝条或全树失水枯

死。冬季的大风伴随低温，容易使花芽受冻。花期大风能吹干柱头黏液，并妨碍传粉昆虫的活动，造成授粉受精不良。大风频繁的地区，能造成树体偏冠。沿海地区的台风以及较大的海风，会使树体过度摇动，根系受到伤害。

为防止和减轻风害，要采取以下一系列有效措施：在建园的同时，规划营造防风林；选用固地性强的砧木；采取矮化密植方式，提高树体的整体抗风能力；加强土壤管理，为根系生长创造有利条件，增强根系固地能力；冬季在根部培土堆，高30厘米左右等。幼树期的果园，在大风期间可立支柱固定树干。扶正已遭风害的树，将根埋土压实；对劈裂的枝，能恢复的应绑缚吊起，没有恢复价值的要及时锯(剪)掉。

2. 涝　害

甜樱桃属于不耐涝树种。积水对其危害较大。地面积水超过20小时，就可能引起树势衰弱、引发流胶病，甚至死树。所以，防涝是甜樱桃栽培管理中的一个重要任务。

为防止涝害发生，不要在低洼地建园，平地果园特别是渗水性差的果园，除栽植前挖通沟疏松土层外，还要安排好排水工程，采取台田式栽植方式有利于雨季及时排除园中积水。选择耐涝性强的砧木，也可提高树体抗涝害的能力。

果园遭涝害后，应及时采取补救措施。如及早排除积水，清除树盘中的压沙和淤泥，对被冲出土外的根进行培土；加强树体保护，做好防寒越冬工作；适当重剪，使地上、地下部保持平衡；对结果树合理负载，以利于树势恢复等。

3. 晚霜害

甜樱桃花期较早，有的年份会受到晚霜危害，使花器受冻，坐果率降低，产量下降。因此，在生产中要注意预防晚霜的危害。

防除晚霜危害，必须采取以下一系列有效措施：尽量不在冷空气易沉积、易遭霜害的低洼地、闭合谷地段建园；在果园的主风向营造防护林带；在不影响效益的前提下，选用花期较晚的品种；增施有机肥，加强管理，提高树体营养贮备水平和抗逆能力；在春季灌水或涂白，可延迟开花期，避开晚霜的危害；在晚霜即将来临时用熏烟法驱霜。熏烟法是生产中应用最广泛的一种防霜方法。具体做法是：每667平方米至少生烟6～8堆，并使烟堆均匀分布在园内各个方位。生烟材料有作物秸秆、杂草和落叶等。草堆高1～1.5米，草堆中插几根粗木棒。草堆外抹一层草泥，抹完后抽出木棒，用所留下的孔做透烟孔即成。也可制作发烟剂，即2～3份硝酸铵，8～10份锯末，1～2份柴油，充分混合后堆放即成。

霜害出现的时间，一般是低温天气时的凌晨至早晨5时左右。当温度降至2℃时点燃发烟物，注意不要让烟堆出现明火。烟堆要有专人看管。

4. 抽条与冻害

树体越冬后，于春季不萌发或萌发不整齐，即为抽条或冻害。枝条出现的失水干枯现象，称抽条。抽条是由冷风所造成的。抽条会造成树冠残缺，树形紊乱。抽条多在幼树期发生。随着树龄的增大，抽条会逐渐减轻。但管理不善的果园，成龄结果树也会发生抽条现象。冻害是由于－20℃以下的低温造成的。低温使枝干皮层变褐，或主干向阳面的皮层或木质部冻裂。

防止抽条和冻害，可采取如下措施：营造防护林，改善果园小气候，可有效防止或减轻抽条。加强综合管理，增强树势，及时防治叶斑病，防止提早落叶。抑制秋梢徒长，让枝条在正常生长的基础上，适时停止生长，使枝条发育充实；越冬前给树干涂白，或喷施防冻保水剂等。这样，可增强抗抽条和冻害能力。

5. 鸟兽害

一些甜樱桃园在果实成熟和越冬期，常遭鸟兽，如喜鹊、乌鸦、麻雀、野兔、鼠类的危害等。鸟类啄食果实，使受害果失去商品价值；野兔和老鼠等，啃食树皮、枝梢和树根，使树体受到损伤，影响生长发育。对这些鸟兽危害，应采取防治措施。

防除鸟害常用的方法有：播放有害于鸟的惨叫录音，使鸟感到恐惧而不敢近前；用高频警报装置，干扰鸟类的听觉系统；设置鸟类惧怕的模拟人形象；在树冠上方挂银色反光膜或彩色塑料条；或间断性燃放鞭炮等。但是上述方法应用时间长了，对鸟的驱赶作用会逐渐变小。防鸟最有效的方法是架设防鸟网。

对兔、鼠等有害小动物，可通过人工、机械捕杀和药剂毒杀以及枝干涂药等方法，进行防御。

6. 除草剂危害

在樱桃园除草时，避免使用含有 2,4-滴丁酯成分的除草剂，以免引起药害。2,4-滴丁酯是一种选择性除草剂。甜樱桃对远近距离飘移的药成分，都非常敏感，很低的浓度就可使树体受害，被害叶片窄小，叶面皱缩，叶缘锯齿状。

樱桃园附近和行间除草时，尽量不施用 2,4-滴丁酯或含有 2,4-滴丁酯成分的除草剂。必须使用时，应在无风时喷施。喷雾器如已喷过 2,4-滴丁酯,在樱桃园防治病虫害时,使用前一定要刷洗干净。

7. 盐碱危害

甜樱桃栽植在盐碱含量较高的地块上,生长发育不良,表现嫩叶叶肉变黄,叶脉呈绿色网纹状失绿。随着病势的发展,失绿程度加重,整叶变成黄白色,叶缘枯焦,新梢顶端枯死。

防治盐碱害的方法如下:

①引淡水洗盐 根据“盐随水来,盐随水去”的盐分运动规律,可采取灌溉洗盐的方法。在果园行间和四周挖排水沟,排水沟与园外地面要有一定的比降,以利于排水畅通。定期引淡水进行灌溉,使盐分随水排出园外,达到灌水洗盐、降低盐碱危害的目的。

②深耕并施有机肥 有机肥含有机酸,对盐可起中和作用,同时随着有机质含量的提高,土壤的理化性质会得到改善,减少蒸发,防止返碱。实践证明,土壤有机质增加 0.1%,含盐量可降低 0.2%。

③种植绿肥作物或在地面铺沙 种植抗盐碱的田菁一年,可使 0~30 厘米的土层中的含盐量降低 0.2%。在地面铺 10~15 厘米厚的河沙,也有防止盐碱上返的作用。

④土施硫黄粉 用量为每公顷 225~300 千克。

⑤喷施铁肥 叶面喷施柠檬酸铁 0.05%~0.1%;或硫酸亚铁 0.3%~0.5%。

⑥施用酸性肥料 土施酸性、生理酸性肥料(过磷酸钙、硫酸铵等。),酸化根际土壤。

第八章　采收、处理和贮藏

一、认识误区和存在问题

1. 采收不适时

多数栽培者对不同品种、不同用途的甜樱桃果实，采收标准掌握不准，经常出现过早或过晚的不适时采收。过早采收的，果实固有品质没有得到充分体现，降低了商品价值；过晚采收的，因过熟而不利于贮运，有些品种还可能出现裂果现象，生产效益受到损害。

也有的栽培者没有根据甜樱桃果实采后的流向和用途，灵活确定采收期，把当地销售果和外运果、鲜食果和不同加工制品用果，都按照一个标准在相同的时间采收。不能根据不同用途的果实其要求的成熟度不同的原则，恰当确定采收的具体时间而采收果实，就不能很好地满足市场的不同需求，自然也就降低了商品性能和经济效益。

还有的果农不能根据当年的气候条件和果实实际发育情况正确确定采收期，或采收过早，或采收过晚，这对提高生产效益也是不利的。

不能根据果实的不同成熟度适时进行采收，这是妨碍甜樱桃栽培效益提高的一个方面。不同部位的果实，其成熟期会有所不同。如树冠上部和树冠外围的果，要比内膛的果和下部的果成熟早。一个花序中的果实，其成熟期也有所差异。

不少栽培者对这些缺乏了解，因而不能在采收期上区别对待，分批采收，导致采收不适时，效益受损害。

2. 采收作业粗放

甜樱桃果实不耐机械损伤。有的果农在采收时不注意轻拿轻放，而使果实发生磨伤、刺伤、挤伤和压伤等伤害，既降低了好果率，又可能引发一些由伤口侵染的果实病害。也有的不按采收操作规程作业，粗暴采摘，折断结果枝，伤害树体，对下一年的产量产生不良影响。

3. 缺乏统一的分级标准

迄今为止，甜樱桃还不能像苹果、梨、葡萄和柑橘等那样，有国家或地方的果实分级的统一标准，这就使果实分级没有依据，果实质量标准也就难以规范统一。

4. 忽视果实分级

有些生产者在采收后没有把病虫果、畸形果、机械损伤果等残次果剔除，也没有按不同大小、不同着色程度进行分级，因而把甜樱桃不加区别地一齐投放市场。这种做法因为不能满足当今消费者对优质果品的需求，致使果品低价售出或滞销，大大降低了经济效益。

5. 包装粗糙

许多果农不重视果实包装，有的所用的包装器材质量低下，对贮运中的果实不能起到很好的保护作用，使果实出现挤、压等损伤。有的所选用包装器材外观不佳，包装不精细，降低了果品的总体市场竞争力和商品价值。

6. 运输方法不当

有的经营者对甜樱桃果实不耐贮运的特性了解不够，在外销中采用和苹果、梨等耐贮运果实相近的运输方法，运输前不进行预冷处理，途中运输时间又过长，使果实在运输过程中品质下降，甚至出现烂果现象。

7. 贮藏时间过长

过长时间的贮藏，会使甜樱桃果实品质大幅度下降。不少生产和经销者不甚了解这一点，过长时间贮藏大量果实，迟迟不投放市场。这些果实尽管外观保持完好，但内在品质已经发生了不同程度的劣变，商品价值已经大大降低。

二、提高采收与采后效益的方法

根据甜樱桃果实的特点，采用相应的采收、分级、包装、运输和贮藏保鲜技术措施，是提高生产效益的重要方法。

1. 适时采收

适时采收，就是根据果实品种和用途的不同，确定适宜的采收时期，做到既不过早采收，也不过晚采收。具体说，要根据以下几方面确定甜樱桃的采收时间：

首先，要根据品种的特性，从果实大小、色泽、风味、口感等指标上，科学判断品种的成熟期。

其次，要根据果实的不同用途确定采收期。对于在当地销售的鲜食果和用于酿酒、制汁与制酱等加工的果实，应在充分成熟时采收；而对贮藏、外运销售和制罐用果，则应适当早采,一般以在八九成成熟时采收为宜,比当地鲜食和用作酿酒、制汁与制酱原料的早采3～5天。

第三,对不同部位的果实,要分期分批适时采收。一般树冠上部和树冠外围的果,因光照条件好着色成熟相对要早一些。对这些果实应比内膛、树冠下部的果实,要适当早采一些时间;另外,一个花序中的果实因发育不一,所以成熟期也有差异,所以也必须根据果实的成熟度,分期采收。

2. 精心采收

采收时,要从甜樱桃果实特点出发,严格按照操作规程进行作业。

甜樱桃果实不耐机械损伤,所以要以人工采摘为基本的采收方法。虽然美国已于20世纪50～60年代研究樱桃机械采收,并在一定的范围内得到了应用。但就全世界甜樱桃生产总体而言,目前仍以人工采收为主要方法。我国劳动力资源丰富,在今后相当长的时间内,甜樱桃果实的采收还将主要依靠人工采摘。

人工采收必须按操作规程细心进行。采收时,以拇指和食指捏住果柄基部,轻轻掀起便可采下,然后再轻轻放入果筐(果篮)中。采摘甜樱桃,一定做到轻采轻放,防止果实受到刺、压、挤、摔等伤害。还要注意保护果枝,特别是不要折断花束状结果枝和短果枝。

3. 细心分级

对采下的果实,首先要进行挑选,剔除枯花瓣、枯叶、裂果、刺伤果、病虫果、畸形果以及无柄果,然后按一定的标准进行分级。目前我国尚无统一的甜樱桃分级标准,只有山东省烟台供销社 1966 年提出了一个四级分级法，把樱桃分为超特等、特等、一等和二等四个标准。按照这个分级法，在果个大小上，四个等级分别为大于 10.0 克、8.0～9.9 克、6.0～7.9 克和 4.0～5.9 克。在着色方面，超特等、特等和一等果的深色品种，要具有该品种的典型色泽，着色全面，二等果色泽可淡些；浅色品种各等级要求着色面分别为 2/3 以上、1/2 以上、1/3 以上和略有着色。果形的要求是具有本品种典型果形，或有很少量的畸形果。果面的要求是鲜艳光泽，无磨伤，无果锈，无污斑和无日灼伤。果实的外部形态是，带有完整的新鲜果柄，无裂口、刺伤和挤压伤，无病虫害。

随着优新品种的不断推出，这个分级标准仅供各地参考。生产者和经营者可根据品种特性、市场需求和供求关系等方面，灵活制定更合适的分级标准。

4. 精美包装

甜樱桃是水果中的珍品。特别是保护地果实上市时，正值水果供市淡季，价值更高。但因其不耐贮运，这就要求进行合理、精美的包装。具有精美包装的果实，不仅可以减少运输中的损伤，有利于保持果品质量，延长货架期，而且还能以其精美的包装引起消费者的注目。

过去，甜樱桃多用条筐装运。随着纸制、塑料包装器材的不断问世，条筐等老式包装材料已基本被取代。在现代，甜樱桃包装多用纸箱和纸盒。

甜樱桃包装器材的容量不宜过大，一般可依销售需要以 10 千克、5 千克、2.5 千克和 1 千克为宜。往外地运输销售的甜樱桃果实，为了防止在长途运输中出现挤、压等损伤，还要进行外包装。外包装材料最好是方格木箱，其次是纤维板箱等。无论哪种包装箱，都要具有耐挤压和抗碰撞性能。外包装箱规格不要过大。内外包装材料上均应印制品种、规格、重量、产地和日期等标记。这样既能使经营者和消费者对果品一目了然，又可借此扩大宣传，为打造品牌创造条件。

5. 科学运输

甜樱桃不耐长途、长时间运输。长途、长时间外运的甜樱桃果实，应按照路途远近和不同用途，采取不同的运输方法。送加工厂和贮藏库的果实，可利用专用木箱或塑料周转箱运输。对销售的鲜食果实，要用冷藏车运输。运输之前，需用加压冷却法进行预冷，使果实温度降至 3℃～4℃，然后在 0℃冷藏条件下运输。运输的周转时间，可长达 20～30 天。在无制冷装置条件下运输，其起止时间不能超过 5 天。

6. 采用多种技术贮藏保鲜

目前，国内外对甜樱桃果实贮藏保鲜，主要采用以下方法：

(1)低温贮藏

低温贮藏，主要是降低甜樱桃在贮藏过程中的呼吸强度，延缓衰老，抑制病菌的滋生及危害，降低腐烂，延长贮藏时间。低温贮藏的最适宜温度为 0℃～1℃。

小规模的低温贮藏，可以采用冰块或干冰制冷。规模较大时，则应有冷库装置。冷库的库房需用良好的隔热材料建造，并安装机械制冷系统来调节贮藏温度。修建库房时，隔热材料的使用很重要。如果隔热材料质量不好，即便是有较好的制冷设备，冷气也很难被充分利用，而且会增大耗冷量，加速制冷机械的磨损。较好的冷库隔热材料，主要有聚丙乙烯泡沫板。冷藏的甜樱桃果实，需用保鲜袋包装，并且要先进行预冷处理，使果实经12～48小时敞口预冷，然后放入保鲜剂后封袋，在低温0℃～1℃和相对湿度90%～95%的条件下贮藏。

(2)气调贮藏

气调贮藏，又称"CA"贮藏，是指在控制气体成分的冷藏间保存果实的一种贮藏方法。在果实进入冷藏间后，利用较高浓度的二氧化碳和较低浓度的氧气、氮气以及较低温度等因子，按预定的指标进行调节。使果实在气调状态下，继续维持生命，控制病原菌活动，降低果实呼吸强度，延长果实保鲜时间，减弱果实新陈代谢的强度，保持果实的食用价值。目前，国内建造的气调库容量为15～400吨。就贮藏樱桃而言，建造小型的气调库，既经济又实用，并且很适于广大农村个体户贮藏的需求。

气调贮藏的适宜温度为0℃～1℃，空气中的相对湿度为90%～95%，二氧化碳浓度为10%～20%，氧气浓度为5%～10%。

(3)速冻贮藏

速冻保鲜，是将甜樱桃果实洗净后，放在不同的小包装内，立即放入－70℃～－80℃的低温冰箱内迅速冷藏起来。食用时缓慢解冻，甜樱桃果实仍可保持较好的新鲜风味。这种方法可使甜樱桃果实的贮藏期达100天左右。

第九章　甜樱桃保护地栽培

一、认识误区和存在问题

1. 设施建设方面的误区与问题

在棚室的建设方面，存在以下问题：

第一，设施位置不当。有的果农将设施地址选在偏东方位，由于这一方位的温室和大棚，早晨温度低，而不能尽早揭开覆盖的帘子，使室（棚）内接受有效光照的时间变短，削弱树的光合作用，不利于提早成熟。

第二，设施空间太小。有的人误认为棚架越矮，棚的空间越小越有利于保温，因而将温室（大棚）建得又矮（脊高低于3.0米）、又窄（跨度小于7米）、又短（长度短于50米）。结果导致棚内光照条件不良、保温效果差，土地有效利用率也大大降低。

第三，施工不到位。有的在建造甜樱桃栽培温室或栽培大棚时，不设预埋件；有些土墙的墙体和以土护坡的大棚，在建造时没能做到边垒边夯实。这两种情况易造成大棚或墙体出现倾斜或倒塌的现象。

第四，棚架间距太大。有些温室和大棚的棚架间距过大，超过100厘米。这种大间距棚架的温室或大棚，棚膜固定后常因棚面不平而影响透光率，也使覆盖物盖得不严，降低了覆盖效果。

第五，后墙无通风窗。目前，还有一些温室的后墙没有设通风窗，这种温室在夏季高温时，后排树易发生二斑叶螨，造成危害。

第六，结构不合理。有一些果农在建造温室时，采取矮后墙长后屋面的结构，或后屋面的角度小，造成后排树在夏、秋季节中光照弱。

2. 品种选择方面的误区与问题

正确选择甜樱桃品种，是保护地栽培成功的重要条件之一。保护栽培最主要的目的在于通过促成栽培，使甜樱桃果实早成熟，早供市，以获取比露地栽培更大的效益。基于这种目的，就应选栽需冷量低、果实发育期短的甜樱桃品种。

但是，有些生产者对这一点缺乏认识，误认为只要是温室大棚栽培，栽什么品种都一样，是甜樱桃就能卖上好价钱，因此不顾品种的果个大小、品质好坏和果皮颜色是否受消费者喜爱，也不问抗裂果性强弱、需冷量的高低、成熟期的早晚和丰产性如何等，结果盲目地栽培一些果个小、品质差、果皮黄色、易裂果、需冷量大、成熟期晚的甜樱桃品种，以致失去促早栽培的意义，大大降低了甜樱桃栽培的经济效益。

3. 温湿度调控方面的误区与问题

第一，有的栽培者不了解低于0℃的低温和高于7.2℃的高温，对树体顺利通过休眠期不利的这一因素，因而不能正确调节休眠期室内的温度，结果影响了升温后甜樱桃树体的生长发育。

第二，一部分人以为只要盖上帘子，树体就可以进入休眠期，这是一种误解。要使树体正常通过休眠期，就既要有黑暗条件，又要有一定的低温条件。不了解这一点的生产者，往往不能及时把棚内温度调到适宜休眠的低温范围，使树体不能按时及早通过休眠期。

第三，在开花期，对棚(室)内的温、湿度调控得不好，致使实际温度过高(超过 20℃)、湿度过低(相对湿度低于 30%)，因而不利于坐果。

第四，有的果农为了提高地温，在升温前期，利用高温闷棚的方法来提高地温。这虽然可在短时间内使地温升高，但同时也会导致树体萌发的速度过快，以至使花器发育不健全，花芽质量差，出现开花不整齐，花期过长，或先长叶后开花的倒序现象，使坐果率降低，产量受损。

4. 其他管理方面的误区与问题

第一，在果实采收后，对树体修剪过重，引起二次开花，减少了花芽量，使下一年的产量降低。

第二，迄今还有不少生产者，没有掌握甜樱桃花芽分化的关键时期，不能及时供肥供水，而仍按照传统的做法，只重视采收后的肥水供应。这就降低了甜樱桃花芽分化的质量，减少了花芽形成的数量，使第二年甜樱桃果实的产量和质量受到不利的影响。

第三，有些果农为了增大果个，提高果品质量，不按施肥规程，急于施用一些未经发酵、腐熟的鲜奶和畜、禽粪等作肥料。这些物质施用后，有时能分解生成一些有害气体，对树体和果实造成危害。

第四，有些栽培者对隔年结果问题，没有采取各种有效措施加以防止，而是采取了隔年扣棚的方法，结果使保护设施不能得到充分的利用，使生产效益受到影响。

二、提高保护地生产效益的方法

1. 科学建造保护设施

目前,我国甜樱桃保护地栽培的设施类型,主要有日光温室、塑料大棚和防雨大棚三大类。利用日光温室和塑料大棚进行甜樱桃生产的目的,是使甜樱桃果实提早或延后上市,并且使露地不能栽培甜樱桃的北方地区,也能生产甜樱桃。利用防雨大棚生产甜樱桃的目的,是避免雨水浇淋甜樱桃成熟果实,防止发生裂果的现象。目前,生产中的甜樱桃保护地栽培,主要是指促早栽培和延后栽培。

日光温室和塑料大棚,均应建设在东、南、西三面没有高大树木、建筑物等遮光物的地段。其场所光照条件好,地下水位低,土壤结构好,肥力强,不盐渍化,有良好的灌溉排水条件,交通方便。离公路、厂矿不太近,不会受到尘土和有害气体的污染危害。

(1) 日光温室的设计

①方　位　采用坐北朝南,东西走向。各地区可根据本地方位,朝向正南或向东或向西偏 5°左右。冬季气温高的地区,日光温室的方位可向东偏 5°。在寒冷的北纬 41°以北地区,由于上午气温低,不能过早揭开草帘,可偏西 3°～5°,或正南方位。

②跨度与脊高　跨度为 7.5～12 米,脊高以 3.5～5.5 米为宜。

③长　度　以 60～100 米为宜。

④前后屋面角　前屋面角以 50°～70°为宜,后屋面角以

25°～28°为宜。距前底脚 1 米处的前屋面高度不能低于 1.5 米。前屋面角的设计，是由前底脚开始，每米设一个切角，前底脚的切角为 55°～60°，最上端的切角应不小于 15°。

⑤墙体与后屋面 墙体为土墙或砖墙。墙体厚度以50～60 厘米为宜。厚度和构造因有无保温材料和地区气候相异而不同。后墙高度视脊高而定。脊高为 3.5～5.5 米时，后墙高度为 2.5～4 米。后屋面应采用窄屋面，具体宽度视跨度而定，以 1.7～2 米为宜。

⑥通　风 多采用后墙设通风窗与前屋面肩缝或掀前底脚塑料薄膜两结合方式通风，也可采用前屋面肩部与近屋脊处塑料薄膜开缝两结合方式通风。

在建造温室前，除考虑温室的前方和左右两侧，不应有高大建筑物或高大树木等遮光物外，还应注意前后温室的间距。前后栋温室间距，以冬至时前栋温室对后栋温室不遮光为宜。经过多年观察后得知，在北纬 38°以南地区，温室间距应为温室高度(包括草帘卷起后的高度)的 1.8 倍；在北纬40°～43°地区，温室间距应为温室高度的 2～2.3 倍。

(2)日光温室的建造

生产中常见的日光温室有两种结构，一是钢架无柱结构(图 9-1)，二是竹木有柱结构(图 9-2)。

①钢架无柱结构温室建造

墙　体 用红砖或水泥砖砌筑。墙体内夹保温板，内外墙皮抹水泥砂浆，或砌成拱洞，也称窑洞墙。后墙、山墙和前底脚地基，用毛石砌筑，深 30～50 厘米。后墙顶梁和前底脚地梁，分别浇注 20～25 厘米和 10～15 厘米厚的混凝土。后墙顶梁混凝土中按骨架间距预埋焊接骨架的钢筋件，并按卷帘机立柱间距预埋钢管件。如果卷帘机立柱焊接在钢骨架

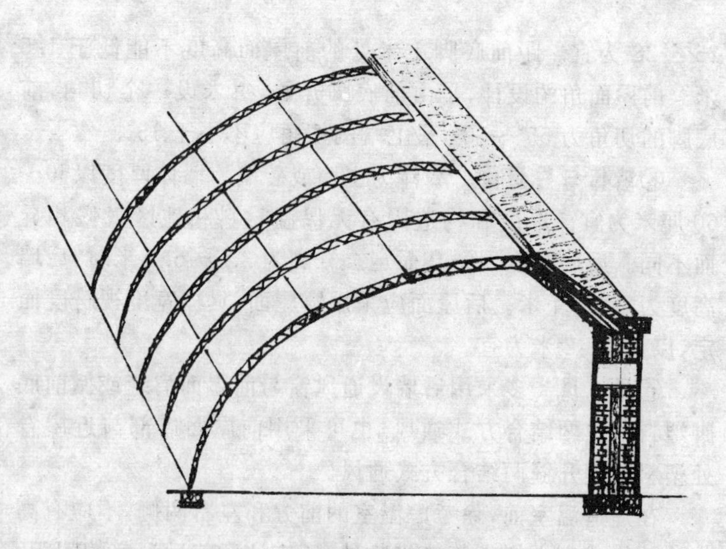

图 9-1 钢架无柱结构温室

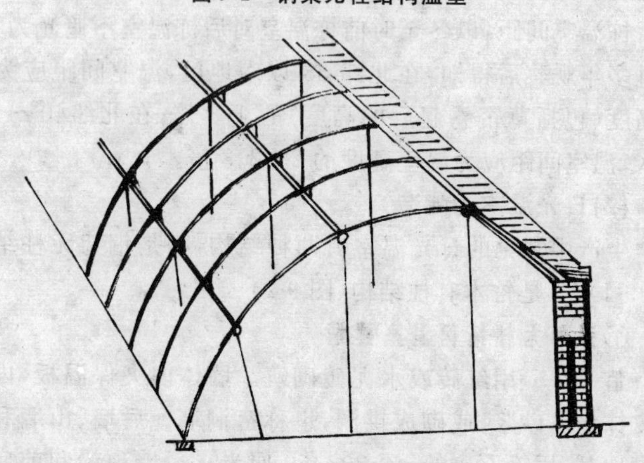

图 9-2 竹木结构温室

上，可不预埋钢管。前底脚地梁混凝土中按骨架间距预埋焊接骨架的钢筋件，并在每个骨架中间预埋一个用来拴压膜绳的拴绳环。两侧山墙距顶部 20 厘米左右，向下至前底脚处等距离预埋三个用来焊接三道拉筋的“+”字形钢筋件，山墙上面纵向镶嵌一根作压膜槽用的槽钢。

后　墙　在距地面 1.2～2 米高处设通风洞或通风窗，其间距为 4～5 米。通风洞用瓷管镶嵌，管径为 40～50 厘米。通风窗为木制，窗口直径为 55 厘米×55 厘米。

前屋面　建造前屋面时，骨架由直径为 60 毫米的镀锌钢管作上弦，直径为 12 毫米的圆钢作下弦，直径为 10 毫米的圆钢作拉花（腹杆），直径为 14 毫米的圆钢作拉筋。骨架上端固定在后墙顶梁预埋件上，下端固定在前底脚地梁的预埋件上，骨架间距 80～85 厘米，横向焊接三道拉筋，拉筋两端焊接在山墙里的预埋件上。

后屋面　在钢筋骨架上铺木板，木板上铺 1～2 层苯板，苯板上铺一层珍珠岩或炉渣，上面抹水泥砂浆找平层，平层上烫沥青（一毡两油）防水。在后屋面钢筋骨架的正脊上，延长焊接一根 6 号槽钢，槽钢里放木方固定棚膜。在槽钢外侧的每个骨架中间，各焊接一拴绳环，以便拴压膜绳。

②竹木有柱结构温室建造

墙　体　用红砖或水泥砖砌筑，或用草泥或碱土夯垛。

前屋面　骨架由竹竿或木杆制造。温室内东西向设 3～4 排水泥立柱，前一排柱高 1.3～1.5 米，第二排柱高 1.8～2.2 米，第三排柱高 2.5～2.8 米，后排柱高 3.2～3.5 米。立柱的东西间距为 3～4 米，南北间距为 2～3 米。在水泥柱上东西向延长固定粗木杆作横梁，在横梁上南北向延长固定粗竹竿或细木杆作拱架，拱架间距 80 厘米。在每根横梁和拱架交界处，各固定一根 6～8 厘米高的木立柱，前底脚处用竹片作拱。

后屋面　用细木杆作椽子。椽子的一头用木杆固定在后墙上，另一头固定在后排横梁上。椽子上铺竹帘，竹帘上覆草帘或秸秆后覆土。

(3)大棚的设计

大棚无墙体，建造成本低，与温室配套栽培，可延长果品供应期。在露地甜樱桃能安全越冬的地区，利用大棚栽培可采取覆盖草帘和无覆盖草帘两种方式，在我国北部寒冷地区必须覆盖草帘。

①方　位　多采用南北方向延长建造。南北走向的大棚，光照分布均匀，树体受光好，还有利于保温和抗风。东西走向建造的大棚，多数受地块的限制。这种大棚南北两侧光照差异大。

②高度、跨度与长度　脊高 3～3.5 米，肩高 1.2～1.5 米。单栋跨度为 8～20 米，长度为 60～100 米。

③通　风　可采用肩部扒缝通风，或顶部开缝通风，或掀底脚通风。

生产中常见的大棚结构有竹木和钢架两种，其类型有单栋和连栋两种，连栋大棚有二连栋和多连栋。

(4)大棚的建造

①竹木单栋大棚的建造　建造跨度为 10～15 米，脊高 3～4 米。骨架由拱杆、立柱、横杆(拉杆)和小立柱等构成。每排立柱有 4～6 根。立柱横向间距 2 米，排与排间的纵向间距为 3 米。立柱脚下置一块混凝土预制板，以防下沉。在每排立柱上搭横杆，横杆上用竹竿或竹片作拱杆，拱杆与横杆相交处设一小立柱。每排拱架间距 0.8 米，每排拱架底脚中间处的地下埋一地锚，锚上设一系绳环，用于固定压膜绳。覆盖草帘的大棚，中间两排立柱的横向间距可适当缩小，立柱

上铺木板作走台(图 9-3)。

图 9-3　竹木单栋大棚

②**钢架连栋大棚的建造**　这种连栋大棚多采用圆钢拱形悬梁结构，棚顶用圆钢焊接成拱形吊梁，边立柱与两棚交界处的立柱，每隔 4～5 米设一根，基部焊接在水泥基座的钢筋上(图 9-4)。

2. 科学配备附属设施及材料

(1)卷 帘 机

目前，生产上普遍应用电动卷帘机。设置时，在温室的后屋面上每隔 3 米设一个角钢支架或钢管支架，在支架顶部安装轴承，穿入直径为 50～60 毫米的一节钢管作卷管，在大棚中央设一方形支架，支架上安装一台电动机和一台减速器，配置好电闸和开关即可。卷放草帘时，扳动倒顺开关即可卷放。卷放时间为 8～10 分钟左右。为加快放帘速度，还可安装闸把盘。连接时，将卷帘绳一正一反地拴在卷杆上，可使两侧草帘同时卷放。

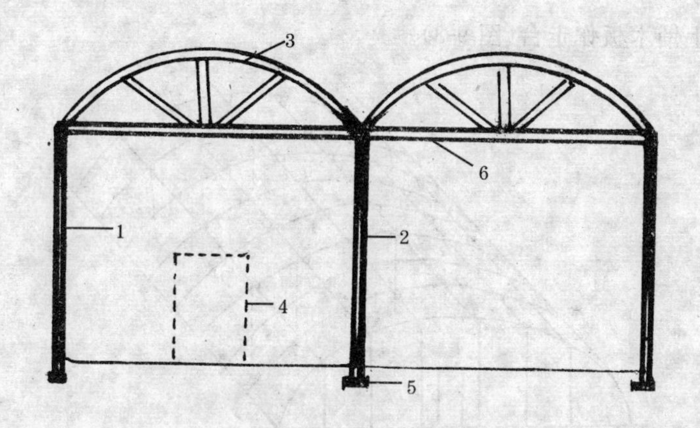

图 9-4　钢架连栋大棚

1. 边立柱　2. 中立柱　3. 拱形吊梁　4. 门　5. 底座　6. 横梁

(2)卷帘机遥控器

遥控器是无线电设备，在 100 米范围内的任何一个地方，均可控制卷帘机的制动装置，一般每个遥控器可控制一台卷帘机。

(3)输电线路

建造保护地设施时，必须配置输电线路，以便给卷放草帘和灌溉、照明等用电设备供电。配置输电线路，既要符合安全用电的规定，又能满足电器工作用电的需要。

(4)灌溉设施

冬季灌溉用水，必须是深井水，以保持有 8℃ 以上的水温。水井在室外的，要设地下管道将井水引入保护地内。管道需埋在冻土层以下。保护地的灌溉方式，最好是蓄热式滴灌。

(5)作 业 房

作业用房，一般应建在东、西山墙处，作业房是管理人员休息或放置工具等场所，建筑面积 8～20 平方米。

(6)温湿度监控设备

观测温度的常用设备，有吊挂式水银温度计或酒精温度计；观测湿度的设备，有干湿球湿度计。有条件的还可安装温湿度自动控制设备。

(7)覆盖材料

建造温室或大棚的覆盖材料，包括塑料薄膜、草帘、保温被(防寒被)和纸被等。

①**塑料薄膜** 这是直接覆盖在温室和大棚骨架上的透光保温材料。生产中常用的塑料薄膜，有聚乙烯长寿无滴膜和聚氯乙烯无滴防雾膜两种。聚乙烯长寿无滴膜抗风能力强，适宜于冬、春季风力较大的地区使用。这种塑料薄膜比重较小，同样重量的聚乙烯比聚氯乙烯的覆盖面积多 20%～30%。使用这种膜可降低生产成本，但它的透光率和保温性能不如聚氯乙烯好，然而它的透光率衰减速度却比较慢。聚氯乙烯无滴防雾膜抗风能力弱，适宜于冬、春季风力较小的地区使用。该膜的透光率和保温性能好，不产生滴水和雾气。它的不足之处是透光率衰减速度较快，在高温条件下，膜面容易松弛，大风天易破损。塑料薄膜的使用寿命为 1 年。第二年，其透光率和防雾等性能即下降。

②**草 帘** 草帘是覆盖在塑料薄膜上的不透光保温材料。草帘多为机械编制，取材方便，价格比较低。草帘幅宽 1.2～1.5 米，厚度为 5～8 厘米左右。草帘的使用寿命一般为 2～3 年。

③**保温被** 也称防寒被。是覆盖在塑料膜上的不透光保

温材料，为取代草帘的换代产品。常用的有两种：一种是由化纤绒制成。被里是3～5层化纤毯，内夹1～2层防水薄膜，被面由防水的尼龙编织篷布缝制而成。另一种是用防雨绸布夹1～2厘米厚的聚乙烯发泡膜制成。这两种保温被，体积轻，保温效果好，虽然造价高，但使用年限长。

④纸　被　这是用在草帘或棉被下面的保温材料。纸被是由3～5层牛皮纸缝制而成，常用在北纬40°以北地区。为防御特殊低温，除覆盖草帘或棉被外，还要加盖一层纸被。

(8)卷帘绳和压膜绳

多为尼龙绳。常用卷帘绳的粗度为直径8毫米。人工卷帘的温室和大棚，每块草帘使用一根绳子；使用机器卷帘的，每3延长米左右配用一根绳子。压膜绳的直径为6毫米，每排骨架拉一根。

3. 覆盖材料的连接及覆盖方法

(1)塑料薄膜的剪裁和烙接

首先，将薄膜按温室或大棚的长度或略大于温室的长度进行裁剪，再用电熨斗将所裁剪好的薄膜烙合好。采用聚氯乙烯薄膜的，也可采用环己酮胶粘合。聚乙烯薄膜一般幅宽9～12米。若幅宽符合棚面的宽窄，可不用烙接，裁后可直接覆盖。聚氯乙烯薄膜幅宽3米，需按温室或大棚的跨度决定裁成多少块数。8～9米跨度的温室，需裁成3块。如果棚面不留通风缝，可将3块薄膜烙接在一起；要留通风缝的，可根据风口位置剪裁。在风口的两个边的薄膜，应各放一根尼龙绳（称风口绳）后再烙合或粘合。

(2)塑料薄膜和草帘的覆盖方法

覆盖薄膜时，要选择无风暖和的天气。覆盖方法：以日光温室为例，先将压膜绳拴于后屋面（大棚正脊处），再把薄膜沿温室走向放在前底脚后，用压膜绳将薄膜拉到后屋面上，从上往下放膜，使膜覆盖整个棚面。再将膜的一端固定在一侧山墙上。然后，集中人力，在另一侧山墙上抻紧、抻平薄膜后，将山墙和后屋面上的薄膜同时固定好，同时拴紧压膜绳。

覆盖薄膜后，要立即覆盖草帘。覆盖草帘的方法有两种。一种是从中间分别向两侧覆盖，另一种是从一侧开始覆盖。东南风频繁的地区，需从西侧开始覆盖；西北风频繁的地区，需从东侧开始覆盖。采用机械卷帘的，需将草帘用尼龙绳连接成一个整体。覆盖后，将底脚草帘固定在底脚杆上，使之成为一体。

4. 正确选择品种和砧木

(1)可供保护地栽培的品种

保护地栽培最主要的目的，是提早向市场供应优质果品。因此，应以早熟、需冷量低，果个大、色泽好、品质优、果柄短粗，抗裂果、耐贮运、丰产，树体矮而紧凑，抗逆性、适应性强的品种，为保护地主栽品种。授粉品种应具有花粉量大，与主栽品种亲和性好、需冷量相近的性状。在此前提下，尽量选用果实商品价值较高的品种。目前，保护地栽培效益较高的主栽品种，主要是红灯，其次是拉宾斯、美早萨米脱和先锋等。关于这些品种的特征特性，前面已做介绍，此处不再重述。

(2)适宜保护地栽培的砧木品种

砧木是苗木的基础，对甜樱桃的长势、寿命、产量和品质，有直接的影响。因此，要选择适合当地自然条件，与嫁接品种亲和力好，高产、优质的砧木类型，为早产、早丰和优质奠定基础。甜樱桃目前尚没有一个十全十美、高抗根癌病的砧木。

现仅介绍生产上常用的以下砧木：

①**山樱桃**　山樱桃做砧木的优点是，用种子繁殖砧木苗快而容易，生长旺，播种当年可嫁接。嫁接成活率高，为80％～90％。嫁接苗及幼树生长健壮。山樱桃抗寒力强。缺点是，嫁接口高时，小脚现象严重，但不影响生长发育。土壤较黏重时，有根癌病发生。

②**草樱桃**　草樱桃毛根发达，嫁接亲和力强。其缺点是，根系分布较浅，遇强风易倒伏。草樱桃不抗寒，在辽宁、河北两省的南部地区抽条和冻害严重，在其北部地区则冬季易冻死。在黏重土壤中，有根癌病发生。

③**莱阳矮樱桃**　与甜樱桃嫁接亲和力强，嫁接树具有早果性状。但嫁接树有小脚现象，根癌病也较重。

④**吉塞拉**　从德国引入。共有12个品种。其中的吉塞拉5号被称为欧洲最丰产的甜樱桃矮化砧木。这些砧木的共同特点是早丰产，适于多种土壤类型，耐PDV和PNRSV病毒，中等耐水渍，抗寒性优于草樱桃，但在很贫瘠的土壤和不良栽培条件下，枝条生长量小，果实变小，还可能出现早衰。

5. 采用适宜的栽植密度

为了充分利用土地和保护设施的功能，保护地甜樱桃栽植密度可比露地栽植密度适当加大。具体的密度，应根据设施结构、树形、品种、砧木、土壤肥力和管理水平等相关条件合理确定。就我国目前大多数果园而言，用乔化砧木的适宜株行距分别为2米×3米或3米×4米；用半矮化和矮化砧木的，适宜株行距为2米×3米或2.5米×3米。

在上述基本的密度范围内，生长势强的品种或土壤肥力高的果园，其株行距要适当加大。生长势弱的品种和矮化品种，土壤肥力低的果园以及采用限根栽培的果园，应适度缩小株行距。

6. 加强综合管理，创造良好生态条件

(1)覆盖与升温

①**覆盖时间**　温室的覆盖，应在外界气温第一次出现0℃以下低温(初霜冻)时进行，覆盖后棚内温度应保持在0℃～7.2℃范围内。覆盖后的整个休眠期间，温度若高于7.2℃，可在晚间温度低时，揭帘通风降温；若温度过低，可在白天适当卷帘升温至7℃。这样，有利于升温后地温的提高。人工制冷的温室，覆盖时间可依据果实上市的时间要求来定，但必须是在树体基本完成当年的生长发育之后。计划春节期间果实上市的，覆盖的时间为9月上旬。塑料大棚的覆盖时间，因地区和生产目的而不同。有覆盖物、又想抢早上市的，以及露地不能安全越冬地区的大棚，应早覆盖；能安全越冬的，又不计划抢早上市的，可在升温前覆盖。

②**升温时间**　甜樱桃栽培大棚或温室的升温时间，依据甜樱桃休眠期的低温需求量和设施类型来确定。目前，生产中栽培的多数品种的低温需求量在800～1 100小时。升温的时间必须以棚内品种最高的需冷量来确定。如果需冷量不足，就会出现萌芽开花不整齐、花期拉长或开花晚、坐果率低等现象。需冷量达到1 200小时左右，较为安全可靠。

温室栽培的，因有较好的保温性能，在满足需冷量后即可升温。采用大棚栽培的，由于大棚保温性能较差，升温时间不宜过早。有草帘覆盖的大棚，应在外界旬平均气温不低于－12℃左右时升温；无草帘覆盖的大棚，应在旬平均气温不低于－8℃左右时升温。如果升温过早，在开花期和幼果期易遭

受寒流，导致冷害或冻害发生。

另外，当棚室多、面积大时，为减轻采果、销售和运输的压力，可分期升温，使果实成熟期错开。

(2)温湿度调控

温室栽培的甜樱桃，其环境条件与露地不同，它不仅受自然条件的限制，也受人为因素的影响。其中温度和湿度，是众多因素中最为重要的因素，直接影响着甜樱桃树体的生长发育，也是栽培成功与失败的关键。温、湿度是指棚内的气温、湿度和地温，必须保持在甜樱桃生长发育所需的最适范围内。适宜的温、湿度调控指标如表 9-1 所示。

表 9-1 设施栽培甜樱桃各生育期的温、湿度调控指标

温湿度	休眠期	萌芽期	开花期	幼果期	着色期	采收期
气温(℃)	0～7.2	5～18	8～18	12～22	14～24	14～25
湿度(%)	70～80	70～80	50～60	50～60	50～60	50～60
地温(℃)	5～8	8～18	14～20	16～20	16～20	16～20

①**温度调控** 升温一周内，棚内温度白天最高不超过15℃。升温一周之后，每隔 2～3 天将温度提高 1℃，至 18℃时，保持到落花期，夜间不低于 3℃～5℃。此期间升温的速度不可过快，温度指标控制不可过高。因为从这时起至开花时止的这个萌芽期(也称孕花期)，花器官还在进一步分化，温度升高过快、过高，都会影响花朵发育的质量，最终影响坐果率。所以，应缓慢提高温度，从开始升温至开花期，必须历经30 天以上，否则，即便是开花了，坐果率也是极低的。

幼果期的白天最高温度，应控制在 18℃～22℃，夜间不低于 8℃～12℃。果实成熟期的白天最高温度，应控制在 18℃～24℃左右，夜间不低于 10℃～14℃。

在保护地生产中，从萌芽至采收期间，不可避免地会遇到不良气候，从而影响棚内的温度。对此，可通过以下措施来调节棚内的温度：

增温措施　可增加供暖和保温设施，提高棚内的温度。对于保温性能差的温室，应加盖一层纸被或棉被。当遇到气温骤降、棚内温度过低时，或连续阴雪天白天不能卷帘时，应增加临时供暖设备加温，如热风炉和暖气等。

掌握正确的卷放帘时间也是增加温度的必要措施。一般揭帘后，棚内气温会在短时间内下降 1℃～2℃，然后温度上升，这是比较合适的揭帘时间。若揭帘后棚内温度不下降，而是升高，则说明揭帘过晚。放帘后，温度短时间回升 1℃～2℃，然后缓慢下降，为比较合适的放帘时间。若放帘后温度没有回升，而是下降，则说明放帘时间过晚。此外，经常及时清除棚膜上的灰尘，增加透光率，也是有效的增温措施。

降温措施　主要通过打开通风窗等来降温。要根据季节和天气情况，以及甜樱桃各生长发育阶段对温度的要求，灵活掌握通风量的大小。当棚内温度达到最适气温时，开始逐步通风。在开放通风口时，要注意由小渐大，使温度平稳变化，不致忽高忽低。不能等到温度升高至极限时，突然全部打开通风口。否则，会造成骤然降温，特别在通风口附近，温度下降迅速，会使甜樱桃的花、叶或果实受到伤害。

②湿度调控　空气相对湿度对甜樱桃的生长影响很大。例如萌芽至开花期，湿度过低，甜樱桃就萌芽和开花不整齐，花柱头干燥，不利于花粉管萌发；湿度过高时，花粉粒过于潮

湿，就不易散粉，也易引起花腐病。幼果期湿度过高，易引起灰霉病和煤污病的发生；果实着色期湿度过高，容易引起裂果的发生。

增湿措施 需要增湿，是在甜樱桃的萌芽期和开花期。其措施是向地面喷水。具体做法是：在晴天上午的9～10时，向地面喷雾或洒水，水不要喷洒过多，以放帘前1～2小时全部蒸发完为宜。有条件的可用加湿器来增湿。

降湿措施 需要降湿是在果实发育期间。降湿时，应把土壤水分管理与通风排湿结合起来进行。首先，在不影响温度的前提下，开启少量通风口，通过换气来排湿。其次，是改变灌水方式，可以采用膜下灌溉或穴灌的方法。灌水时间应选择连续晴天之前的上午，还可利用生石灰吸湿的特性来降棚内的湿度。进行时用木箱或盆器盛装生石灰，置于棚内吸收空气水分。每667平方米的生石灰用量为200～300千克。

另外，可选用无滴防雾棚膜，减少棚内滴水和雾气。在覆膜时，除了沿棚长方向抻紧外，跨度方向也要抻紧，避免棚模有褶皱，以减少膜面的滴水。

(3)光照调控

增加光照除了选择最优结构、合理方位的设施和适宜的塑料薄膜外，还应采取增光和补光措施，以弥补冬季和阴雪天光照时间的不足。

①延长光照时间 覆膜期间，要坚持适当早揭晚放草帘。阴天时，在不影响温度的情况下，要尽量揭帘，因为散射光也有利于树体生长发育。要避免阴天不揭帘。

②清洁棚膜 利用棉布条或旧衣物等制作的长把拖布，经常清洁棚膜上的灰尘和杂物，增加棚膜的透光率。这是一种非常重要的增加光照的措施。一般每2～3天要清洁一次

棚膜。

③铺设反光膜 从幼果期开始，在树冠下面和后墙上铺挂高聚酯铝膜，以便将温室树冠下和后墙上的阳光反射到树上。

④补　光 在遇到连续阴雪天或多云天气无法揭帘时，多采用日光灯、碘钨灯补光。采用日光灯补光的，灯具以距树冠上部60厘米为宜。每40～50平方米设一盏灯。

(4)气体调控

保护地内的空气成分与露地不同，主要表现在两个方面：一是二氧化碳气体含量的变化，二是有机肥料分解释放的有害气体等。气体影响不像光照和湿度那样直观，往往被人们所忽视，以致产生不利的影响。

①二氧化碳调控 二氧化碳是植物光合作用不可缺少的原料。若树体长期处在二氧化碳浓度低的条件下，就会严重妨碍光合作用。保护地内二氧化碳浓度的变化规律是，从下午放帘后，随着植物光合作用的减弱和停止，二氧化碳浓度不断增加，22时达到最高值。次日揭帘后，随着太阳光的照射，光合作用的加强，二氧化碳浓度急剧下降，至上午9时，二氧化碳浓度已低于外界大气的二氧化碳浓度，放风之前出现最低值。

在生产中，通常采取人工补充二氧化碳气体的办法，来解决二氧化碳浓度的调节问题。补充的方法有，施用固体二氧化碳肥料，或通过二氧化碳发生器，使稀硫酸和碳酸氢铵混合后发生化学反应，产生二氧化碳气体。但是，主要还是靠通风换气来调节。晴天时，在揭帘后和放帘前，少量开启通风口进行气体交换，补充棚内的二氧化碳。

释放二氧化碳气体，应在花后开始使用。一般在晴天揭帘后 0.5～1 小时释放，放帘时停止。释放时可适当提高棚内温度，以便充分发挥其肥效。

②有害气体的控制 棚内常发生的有害气体，有氨、二氧化氮、二氧化硫和一氧化碳等。

氨和二氧化氮气体，主要来自未腐熟的畜、禽粪和饼肥等的发酵分解过程和施用氮肥后没覆土，使氨气和二氧化氮气体释放至空气中，导致植物中毒。氨害多发生在施肥后一周内，二氧化氮危害多发生在施肥后一个月左右。氨害使幼叶出现水渍状斑点，严重时使幼叶变色枯死。二氧化氮害使叶片褪色，出现白斑，浓度高时使叶脉变成白色，甚至全株枯死。二氧化硫气体是燃烧含硫量高的煤炭而产生的，一氧化碳气体是由于煤炭燃烧不完全，和烟道有漏洞、缝隙而排出的毒气。受害叶片的叶缘和叶脉间细胞死亡，形成白色或褐色枯死。这些有害气体都是人为造成的，只要认真执行相关管理措施，其危害就不难克服。

(5)肥水管理

①施肥时期与方法 保护地栽培的甜樱桃，其树体的生长发育提早到冬季至早春。由于棚内这时温度相对较低，光照条件较差，致使根系生长较晚，树体的营养早期产生较少，加之高密度栽培需要较高的养分供应，所以增加树体贮藏营养和及时供应养分，是提高产量和品质的前提条件。其具体的施肥时期与方法如下：

秋施基肥 施入的最佳时期为初秋。各地气候不一，以霜前 50～60 天施入为宜。秋施基肥时，采用条状沟施肥法进行土壤施肥。第一年在树盘外围的两侧，各挖一条深 30～40 厘米、宽 30 厘米，长约树冠 1/4 的半圆形沟，然后将肥料施入沟内。第二年在树冠的另两侧开沟，或在树盘外围挖圆形沟，将有机肥和化肥与土拌匀后施入沟中，并加回填。

萌芽期追肥 萌芽初期，采用放射状沟施肥法进行土壤施肥。从距树干50厘米处向外开始挖6～8条放射状沟，沟的深、宽各10～15厘米，沟长至树冠的外缘，在沟中施入速效性化肥和生物有机肥。

开花至采收期追肥 此期，以根外喷施法追施速效性肥液为主。

采果后追肥 果实采收后，采用放射状沟土壤施肥法追肥。追施的肥料为腐熟的人粪尿、猪粪尿、豆饼水或复合肥等速效性肥料。

②施肥量 施肥量的多少，要根据树龄、树势、产量和土质等诸多因素来决定。

土壤施基肥量 用猪厩粪或其他农家肥作基肥时，其施用量为：幼树50～100千克/株，盛果期树100～150千克/株。用纯湿鸡粪作基肥时，其施用量为：幼树20千克/株，盛果期树30千克/株。用湿饼肥作基肥时，其施用量为：结果幼树15千克/株，盛果期树30千克/株。

土壤追肥量 土壤追肥施用量为：氮磷钾三要素配比为2∶1∶0.5的混合肥料，幼树0.5～1千克/株，盛果期树1～1.5千克/株；豆饼水，2.5～5千克/株；过磷酸钙，0.5～1千克/株。氮磷钾的配合比例，因土质、气候、品种、树势和树龄等不同而也不尽相同。追肥时，应根据果园土地的具体情况，决定最佳氮磷钾施用配比。

根外追肥量 于花期喷施一次0.2%～0.3%硼砂液。喷施时可以在其中加入0.1%～0.2%的尿素溶液。或于花期喷一次浓度为30～50毫克/升的赤霉素溶液提高坐果率。在花后半个月至采收后一个月期间，交替喷施5～6次300倍液磷酸二氢钾和600倍液活力素，促进花芽分化；采收后喷施时，在肥液中加入500倍液尿素，防止叶片和花芽老化。

③灌水时期和灌水量 棚室甜樱桃的灌水，要根据树体生长发育对水分的需要和土壤含水量进行。重点灌好以下几次水：

萌芽水 即揭帘升温时的灌水。灌好此次水，可增加棚内湿度，促进萌芽整齐。水量要适中，浇透为止，以地面不积水为宜。

花前水 即开花前的灌水。灌好此次水，可满足发芽、展叶和开花对水分的需求。水量应以"水流一过"为度。

催果水 即硬核后的灌水。灌好此次水，可满足果实膨大和花芽分化对水分的需要。这一时期灌水应慎重，一般以花后15～20天灌水为宜，水量仍以"水流一过"为度。其灌水量，结果大树以50～60升/株为宜，结果幼树以30～40升/株为宜。为防止落果和裂果，催果水可分两次灌入。

采前水 采收前10～15天是甜樱桃果实膨大最快的时期。这一时期缺水，影响果个大小，导致产量降低。但水量也不能过大。水量过大，不仅会引起裂果，还会降低果实品质。因此，水量应与催果水相同，宜分两次灌入。

采后水 果实采收后，为尽快恢复树势，保证花芽分化的顺利进行，应适时灌一次水。水量以浇透为宜。

④灌水方法 可根据水源、灌水设施和甜樱桃的需水情况等条件，选择以下灌水的方法：

漫灌 这是在树盘两侧做埂，让水在树盘上流过的灌水方法。萌芽前和采收后可采取这种方法灌水。

沟灌或坑灌 这是催果水和采前水的最佳灌水方法，即在树盘上挖深20厘米的环状沟或圆形坑，然后灌水，待水渗下后覆土。

畦　灌　这是树盘漫灌的另一种方法。即在树行上做埂，将树盘分为两半。每次浇灌树盘的一侧，交替灌水。此法宜在开花至采收期采用。

滴　灌　滴灌需在园内安装滴灌设施，将灌溉水通过树下穿行的低压塑料管道送到滴头，由滴头形成水滴或细水流，缓慢地流向树根部。滴灌既可使土壤均匀湿润，又可防止根部病害的蔓延，也是节约用水的好方法。

⑤雨季排水　甜樱桃树盘积水时间过长，便会出现涝害。因此，揭膜后进入露地管理的期间，防涝是一项不可忽视的工作。建棚时应避开低洼易涝和排水不畅的地段，并搞好排水工程。在雨季来临之前，要及时疏通排水沟，在行间和前底脚挖 40～50 厘米深、30 厘米宽的沟，行间沟要与前底脚水沟相通，以便及时排除积水。

(6)通风锻炼与撤膜

保护地栽培的甜樱桃，一般采收后应考虑适时撤除覆盖的问题，以适应外界环境条件，进入露地管理。温室甜樱桃果实，一般在 3 月下旬开始采收，至 4 月下旬全部采收完毕。此时外界气温与棚内气温相差还比较大，加之此时甜樱桃树体还处在花芽分化阶段，需要较高的温度。此时撤膜，树体不能适应外界环境条件，会影响花芽分化，也易造成树体和叶片的伤害。因此，必须在外界温度与棚内温度基本一致之前，进行 15～20 天左右的放风锻炼，然后再撤棚膜。放风锻炼时，将正脊固膜杆或绑线松开，两侧山墙的固膜物不动，使棚膜逐渐下滑，或同时将底角棚膜往上揭。放风锻炼的时间，不可少于 15 天。辽宁营口市熊岳地区的日光温室，撤膜时间为 5 月下旬至 6 月初。在此处以南可稍早，以北可稍晚。

7. 移栽大树，早见效益

为了达到当年投资、翌年见效益的目的，建立甜樱桃园时，可以采取移栽5年生以上树龄结果大树的速成方法。移栽大树的时间，最好安排在春季萌芽之前。起苗时，应保证根系完好，随起随栽，栽后注意覆盖保温保湿。如果远途运输，应将根系蘸泥浆或喷生根剂后用塑料包严。带土坨移栽利于缓苗，但不便运输。若要使秋季移栽大树急于进入温室生产，则应晚升温，慢升温，将萌芽期(升温至开花)控制在40～50天。这样，有利于根系恢复。萌芽后，连喷2～3次植物动力(2003)800～1 000倍液。若花后出现树叶萎蔫，则可在每日上午萎蔫前，往叶片背面喷清水，或阳光强烈时放帘遮阳。留果量也不宜过多。萌芽后要及时稀花蕾，每株留2～5千克产量，以恢复树势为主。

8. 有效防止隔年结果和落花落果

保护地栽培甜樱桃，在我国已有十余年的历史。在这项高投入高产出的产业中，多数栽培者得到了高额利润的回报，667平方米收入多在5万～10万元左右。如此高额的收益，带来了巨大的轰动效应。许多农户和农业园区纷纷投资，发展保护地甜樱桃生产。但由于对甜樱桃在保护地环境条件下的生长发育特性不了解，没能掌握其关键技术等原因，常出现隔年结果和落花落果现象。这两种现象的出现，常导致不同程度的减产，甚至绝产，因而造成栽培者年收入的不平衡和收入少或无收入。在年收入少或无收入的一部分农户中，近几年出现了毁树改植的现象，而其中大部分农户仍处在弃之不舍的无可奈何之中。这不仅是影响保护地甜樱桃产量的重要原因，也是抑制保护地甜樱桃发展的重要因素。针对产生这两种现象的原因，我们进行了多年的试验研究，并于2003～2005年间，对我国的辽宁、吉林、黑龙江、河北、山东和陕西等省及北京、天津市的保护地甜樱桃，进行了实地考察。针对考察结果，为解决隔年结果和落花落果问题，提出如下意见：

(1)产生隔年结果现象的原因

隔年结果也称大小年结果。其表现是：扣棚第一年结果多，产量高；第二年结果少，产量低。于是栽培者便采取隔年(或隔2～3年)扣硼的方法来管理。这种管理方法在辽宁大连和山东省比较多。产生这种隔年结果现象的原因，有以下几方面：

①肥水供应时期不当 据许多图书资料记载：那翁花束状果枝花芽的生理分化期，主要是在春梢停长、采果后10天左右的时间里；大樱桃花芽的形态分化期，主要在采果后1～2个月时间里；甜樱桃花芽分化的特点是，分化时间早，分化时期集中，分化速度快，一般在新梢第一次生长停止，果实采收后10天左右便开始大量(生理)分化；大樱桃采果后10天左右，即开始大量分化花芽，此时正是新梢接近停止生长时期，整个花芽分化期为40～50天，采收后应立即施速效肥料，等等。基于这种认识，许多栽培者于是只注重采收后的肥水供应。实际上，不论怎样加强采收后的肥水管理，也不能使甜樱桃再形成更多的花芽。据辽宁省果树所对甜樱桃花芽分化进程问题所开展的研究，发现甜樱桃花芽的生理分化是在花后20～25天开始的，不同品种之间稍有差异。花芽分化期也正是幼果膨大期，也就是说花芽的生理分化与果实生长同步，所需的养分时期集中，需求量大，在贮藏养分耗尽，而花前施肥还没有完全转化吸收(保护地果树根系生长比露地晚约5～

10天)的情况下,养分的不足就影响了花芽的分化。而栽培者却只在采收后供肥供水促花芽分化,这就必然会出现花芽数量少的现象,从而形成小年。

②负载量大,肥水供应不足 对于属于小水果的甜樱桃,栽培者大多没有疏花疏果的习惯。尤其是保护地的甜樱桃,栽培者都怕它坐不住果,因而任其开花结果,开多少留多少,结多少留多少。据调查,辽宁金州区和山东烟台、蓬莱的部分果农,所栽培株行距为3米×4米的甜樱桃树,株产高达30~50千克,个别大树株产甚至达到70千克以上。对这样的温室和大棚,在采收后两个月调查,其花芽量只有上年的30%左右。这说明过量的负载,消耗了大量的养分,使结果与花芽分化的关系失去了平衡。因为果实的生长与花芽的分化是同步进行,此期的养分不足便抑制了花芽的形成。另一方面,还因为正在发育的种子中所产生的GA有抑制花芽分化的作用,大年结果多,种子中产生的GA数量也就越多,对花芽分化的抑制作用也就越强,致使当年花芽数量减少,表现为下年结果少而形成小年。

③受二次开花的影响 二次开花也称倒开花。也就是在甜樱桃果实采收后,陆续发生开花的现象。严重者的开花株率达80%左右,花芽开花率达50%左右,可持续开到秋季,造成下一年开花数量少而形成小年。

引起二次开花的原因很多,但主要是叶片受害和采后修剪过重所引起。此外,还有旱灾和涝灾的危害,也会导致二次开花的发生。叶片受害有两个原因:一是撤膜期间的防风锻炼,时间短,或过早过急。环境条件的急剧变化使树体和叶片被晒伤,叶片边缘干枯坏死或叶表皮、叶肉坏死。二是受叶斑病和二斑叶螨及卷叶虫的危害,致使叶片发生枯焦坏死和失绿，以被啃食成缺刻状而提早落叶。另外，采收后的修剪不当，也会引起不同程度的二次开花，尤其是修剪量过大和短截结果枝条，表现更为突出。据调查，采后修剪过重的温室甜樱桃，二次开花株率达 80%以上；短截结果枝条的，二次开花枝率达 100%。这说明采收后任何时候的过重修剪和短截结果枝条，都会发生二次开花的现象。

④过量施用坐果剂抑制了花芽的分化 过量或多次喷施以赤霉素为主的激素类坐果剂，虽然可以达到当年坐果累累的目的，但当年的花芽数量明显减少，严重的可减少 70%以上。同时对树体造成伤害，表现当年叶片狭长卷曲，枝条节间长，果梗粗，果肉薄，果形不正，影响下一年正常开花结果。

以上多种原因引起了严重的隔年结果现象，因此在生产中便必然采取隔年扣棚的方法。辽宁省大连地区和山东省的烟台、蓬莱等地区的很多果农，都是用两个棚轮流生产。尤其是山东的部分果农的单栋大棚或连栋大棚，都是隔年或隔2～3 年扣一次棚，哪年花芽多，就那年扣棚。这种管理方法对于露地适栽区可以，虽然隔年扣棚也不会增加额外投资，不影响增收，但对于露地不能安全越冬的地区，冬季需扣棚保护，这无形中就增加了投资成本，也造成了年收入的不平衡。

(2)产生落花落果现象的原因

保护地甜樱桃的落果问题重于落花。引起落花落果的原因是多方面的。关于这方面的试验研究和生产经验文章很多，归纳起来有六个方面：一是休眠期需冷量不足；二是授粉树配置不当；三是树体贮藏营养不足；四是升温速度过快；五是花期温度过高，湿度过低；六是果实硬核期缺水。这六方面的问题会引起落花落果不容置疑，但也有不确切和不准确的论述。其中升温速度过快就没有明确开始升温至初花的时间是多少。果实硬核期不能缺水的观点也有待探讨和研究，因为在生产中管理者都非常重视这六方面的管理，都能规范操作，虽然基本可以防止了落花或落花较轻，但还是有不同程度的落果。作者经对落果较重的温室和大棚的调查后发现，其原因有以下几方面：

①灌水过早、水量过大是引起落果的主要原因　果农们在管理中是依据资料中强调的“落花后当果实发育如黄豆粒大小时，可进行灌水，补充水分”；“防止旱黄落果，目前主要采取硬核期前后勤灌水的方法”；“硬核水，在落花后果实如高粱米粒大小时进行。此期大樱桃生长发育最旺盛，对水分的供应最敏感，浇水对果实的产量和品质都有很大影响。此期土壤含水量不足，就会发生幼果早衰、脱落”等。之所以没有一户果农和园区忽视幼果期的灌水，甚至有的果农和园区在花后一周内就大水漫灌，这种管理观念在辽宁、河北的北部地区、吉林、黑龙江等省的果农中比较普遍地存在。结果是灌水越早、越勤，灌水量越大，落果越重，严重的落果率达 80%以上。经早期灌水试验证明，在谢花至硬核前这一时期灌水（漫灌），都有不同程度的落果，尤其是覆地膜的温室和大棚，落果更重。灌水时期过早，灌水量过大，不但会引起萎黄落果，还会发生新梢徒长，降低花芽分化率的现象。经试验表明，硬核前平均每株树的灌水量在 200～500 千克的，落果率可达 50%～90%，新梢节间平均长 5.2 厘米（正常为 3.1 厘米），花芽分化率降低 50%～80%。在灌水造成落果的调查中还发现，果梗绿色不易脱落。解剖这种果实的种仁可看到，种皮褐色，种仁浅褐色或白色呈胶液状。而露地旱黄落果的症状是，果梗变黄易脱落，其种皮为白色，种仁干缩成失水状。综上分析生理方面的原因，保护地樱桃的落果，是灌水过早过多，使

正处在迅速生长期的新梢过旺生长，新梢的徒长争夺了树体内大量的养分和生长素，幼果得不到充足的养分和生长素而出现萎黄症状，尤其是种仁坏死后，不能产生 GA 调运养分供果实生长，而发生萎黄落果。新梢徒长不但抑制果实发育，也抑制花芽的分化。

调查试验结果还表明，在落花 20 天后采取小水漫灌、滴灌或树盘挖沟（坑）浇水的，都不会引起落果。即使在果实着色前不灌水（花前 5～7 天灌一次），也不会有落果现象，只不过表现果个小而已。在落花至硬核前不灌水的试验中，还没有发现旱黄落果的，甚至有个别温室在中午出现有叶片暂时萎蔫现象时也没有因此而发生落果的现象。

②药害或肥害引起落花落果 花期喷施过量的坐果剂，或在温室内温度高、不通风的条件下喷施杀虫剂，地面撒施各种易产生有毒气体的肥料等，会引起叶片或果实受伤害，导致落花落果。

③花芽发育过度或老化导致坐果率降低 保护地栽培与露地栽培相比，树体提早 2～3 个月发育，生育期的延长和在历经夏季高温和干燥以及降水量大时，发生花芽后期分化（也称发育过度或后期发育或老化）的现象。秋季时，花芽外部的鳞片干枯，花芽膨大而未开；升温后开花不整齐，花柄短，柱头先伸出花蕾等症状，因而出现虽然开花多却坐果很少的现象。

(3)杜绝隔年结果的关键措施

①花芽分化期根外追肥 在进行秋施肥和萌芽前施肥的正常管理下，应从花后 10 天左右开始，每隔 7～10 天，叶面喷施一次磷、钾肥，或多种微量元素肥，至采收后 20～30 天止，共喷 5～6 次。叶面肥可选择不含氮肥的磷酸二氢钾和活力素等，并注意交替使用。采收后，在所喷施的叶面肥中，还必

须加入 500 倍液的尿素，以防止叶片和花芽老化。

②疏花芽及疏花蕾 疏花芽，疏花蕾，可以减少养分的无谓消耗和保持合理的负载量。当花芽膨大时，及时疏除花束状果枝和中、短果枝基部的瘦小花芽，平均每个花束状果枝留 3 个花芽为宜。当花芽现蕾后，疏除花芽中最小、现蕾最晚的花蕾，每个花芽中留 3 个花蕾为宜。1.5～2 米×2～3 米株行距的甜樱桃，株产量可保持在 5～10 千克；株行距为 2.5～3 米×3～4 米的甜樱桃，株产量以保持在 15～20 千克为宜。此外还应考虑树龄，6 年生以下的甜樱桃，667 平方米产量以 300～400 千克为宜，7 年生以上的 667 平方米产量以 500～600 千克为宜。

③采收后适时撤膜放风锻炼 甜樱桃果实采收后，外界温度不低于 10℃时，就可以开始逐渐撤膜，也就是扒膜放风。撤膜时，从地脚向上撤，或从上下同时向中间撤，每 2～3 天扒开 0.5 米宽，15～20 天后外界温度不低于 15℃时，选择多云无风或阴天无风时撤掉棚膜。

④采收后注意防治病虫害 果实采收后，棚室甜樱桃进入露地管理期间，注意预测二斑叶螨和各种叶斑病的发生，做到及早发现及早防治。一般喷 1～2 次齐螨素，喷 2～3 次波尔多液和 1～2 次其他杀菌剂，基本可以根治。发生卷叶虫时，要随时进行人工捏治，及时将其消灭。

⑤搞好生长期整形修剪作业 在棚室甜樱桃的生长期，应做好以下主要的整形修剪工作：萌芽期拉枝，花后对主、侧枝背上的直立新梢多次摘心或拿枝或疏除；及时摘除剪锯口处过多萌蘖；采收后尽量不修剪。如果树体上部徒长枝多或主干上萌发出多余徒长枝，则可予以少量疏除。

⑥防止花芽老化 为了防止花芽老化，采收后除了叶面

喷施氮肥外，还可在花芽膨大期对老化的花芽喷施一次赤霉素，以帮助它恢复生活力。

(4)防止落花落果的关键措施

①适时适量灌水 适时适量灌水，可以有效防止落花落果的发生。但是，保护地甜樱桃花后的灌水时期，不可早于硬核前。硬核后，每次灌水的量为：6～7年生以上结果大树，每株不应超过50千克；3～5年生结果幼树，每株不应超过30千克。灌水要少量多次。覆盖地膜的和土壤黏重的，可减少每次的灌水量和灌水的次数。要根据各品种的硬核期，决定灌水时间，也就是分品种按株灌水。

②改变传统的灌溉方法 花后至采收期，最好的灌水方法是，在树盘四周或两侧挖3～4个深20厘米左右的沟或坑，然后浇水，待水渗下后填土。或将树盘分成两半，每次给半个树盘浇水。

③加强综合管理 防止保护地甜樱桃落花落果，应注意升温速度的时间期限、升温至花期的温、湿度指标和地温指标，以及整形修剪的时间和方法，认真搞好综合管理，加强树体及其花果的保护。

保护地甜樱桃从升温至开花，必须经历30～40天的时间。若少于30天，温度高于20℃，相对湿度经常低于30%，其落花落果就严重。升温至开花期，最好不覆地膜，并且在晴天时每天要向地面喷水1～2次。花期遇到短时间降温时，在棚内温度不低于0℃时，不必要进行人工加温（暖气和空调除外）。在休眠期间，棚内的土壤不能结冻。在萌芽期，棚内地温不能低于5℃～7℃。在花期，要注意花腐病的防治。谢花一周以后，要随时对过旺新梢进行摘心或拿枝，随时疏除过多的萌蘖和有可能成为竞争枝的徒长枝，以控制营养生长过旺，减少养分消耗。

9. 采取有效措施防御特殊灾害

保护地甜樱桃生产，虽然处在保护设施条件下，但仍存在着自然灾害和人为灾害。自然灾害指风灾、涝灾、雪灾、温度骤变、病虫害和鸟害等；人为灾害指火灾、肥害、药害、冷水害、高温危害和人身伤害等。这些灾害都是保护地甜樱桃生产中屡屡发生的灾害，对产量、效益的提高和人身的安全，危害极大，千万不能忽视。根据多年的生产调查，现将甜樱桃保护地生产中出现的各种灾害及其防御措施叙述如下，供栽培者参考借鉴。

(1)自然灾害的防御

①风　灾　风灾常发生在保护地果实成熟期的3～5月份。春天的5～7级以上的大风，对生产的危害极大。尤其是春风较大、较频繁的地区，结构为斜平面、弧度小的棚架，塑料膜固定不紧实的温室和大棚，还有覆盖抗风能力较差的聚氯乙烯棚膜的温室和大棚，易被风刮坏棚膜，使树体和幼果受害。有的栽培者为防止棚膜被大风刮坏，经常接连几天采用放帘的办法来保护棚膜，致使树体和幼果得不到充足的光照，或减少了光照的时间而延迟成熟，或造成叶片失绿而脱落。风害还在夜间将草帘刮起，使棚内温度降低，妨碍树体的生长发育。

防御风灾的措施是，在建造棚架时，一定采取拱圆、半拱圆形的架式。建棚时，拱架间距不能大于90厘米。还要注意温室和大棚的高跨比，跨度大，高度小，棚膜不易压紧，光照差，要注意加以避免。风大或多风地区，应选择聚乙烯长寿塑料薄膜作棚膜；若选择聚氯乙烯塑料薄膜作棚膜，则应及时修补破洞。手卷帘的温室，夜间风大时应及时检查草帘，发现有离位草帘时立即拉回压牢。

②涝　灾　涝灾常发生在揭膜后的7～9月间，尤其是发生在土壤黏重、地势低洼的温室和大棚，地表积水超过20小时以上时，涝灾的危害会更大。涝灾对树体有不同程度的伤害，轻者影响下年开花结果，出现落花落果现象，重者导致流胶病严重或当年死树。

防御涝灾的措施是，在栽植行间和温室前底脚处挖排水沟。保护地为大棚的，可在甜樱桃栽植行间与大棚四周挖排水沟，及时排涝。沙石板或土壤黏重的地块，可在建园前挖通沟，并客土改造土壤的结构。

③雪　灾　雪灾常发生在降雪量达200毫米以上的时候，和建筑结构不科学、建筑质量不牢固和建筑材料质量差的温室和大棚上，以及没有及时打扫积雪的情况下，严重时会压塌温室和大棚。

防御雪灾的措施是，建设栽培设施时，要选用耐压不易变形的管状钢材做骨架上弧。修建竹木结构的温室和大棚及跨度大的钢架大棚，要设置间距适当和角度合理的立柱。钢筋骨架无支柱温室的两侧山墙，在砌筑时墙内要设置“T”字形和“十”字形钢筋预埋件，用来焊接拉筋。地基要牢固，用毛石砌筑深40～50厘米的地脚。后墙顶部和前底脚，要设混凝土横梁，横梁内设置固定骨架的“T”字形和“十”字形钢筋预埋件。降雪量大时，要及时打扫棚面的积雪，以减轻棚顶的重量。

④温度骤变　温度骤变常发生在初冬或新年期间。当外界温度低于－20℃，并伴随阴天和降雪时，常使棚室温度降低至0℃以下，对棚室甜樱桃产生危害。温度骤变还包括久

阴骤晴，或因降雪与其他原因，2 天以上时间无法揭帘，而揭帘后又遇到晴天。这时，强烈的光照会对树体及叶片造成伤害。光照强，温度高，叶片水分蒸腾作用加快，根系吸水输水量小于蒸腾作用所散失的水分，使叶片出现萎蔫状态。如不及时采取补救的措施，叶片就会成为永久萎蔫的叶片。

虽然甜樱桃的萌芽、开花和结果所需求的温度不是很高，但也不可太低。休眠期如果棚内温度低于 0℃时，可在白天时将草帘卷起，将温度调至 3℃～7℃左右。在萌芽至开花期，棚内温度低于 0℃的时间超过半天以上时，需临时进行人工加温。温度骤升时，要及时扒开通风口或打开通风窗降温。棚室温度的调节，需有专人进行细致管理。遇到久阴骤晴时，应在阳光强烈、温度高时的中午前后，暂时放帘遮荫，待日光不强烈时再揭帘。

⑤病虫危害 易忽视的病虫危害，主要有常发生在花期至幼果期的卷叶虫和绿盲蝽危害，在透光通风不良、湿度大的情况下，所感染的花腐病和灰霉病等；在揭膜后的露地管理期间，降雨次数多时发生的各种叶斑病，以及高温干旱时发生的二斑叶螨危害等。这些病虫害，损害树体及花果，严重影响当年和下一年的产量。

因此，花前或花后必须喷一次杀菌剂，防治病害。开花至幼果期，随时人工捉治卷叶虫和绿盲蝽。采收后，随时观察二斑叶螨的发生，及时喷药防治。6 月下旬至 8 月中旬间，喷 2～3 次波尔多液，或一次甲基托布津液，或一次多菌灵液，或一次代森锰锌液，防治各种叶斑病。

⑥鸟　害 鸟害发生在升温较晚的温室和塑料大棚中。特别是无覆盖草帘的塑料大棚，因其果实成熟期较晚，一般在 4～5 月份，此时温度较高，需加大通风量，在开启通风装置

时，大量的麻雀就进入棚内啄食甜樱桃果实，造成危害。

防御鸟害的措施是，在棚室通风口设置防鸟网，使害鸟不能进入棚室之中为害。

(2)人为灾害的防御

①火　灾　火灾是温室和大棚瞬间毁于一旦的凶手。火灾有人为失火、电焊作业不慎、电源配置不合理，或电褥、电炉类电热器使用不当等发生的原因。电焊引起的火灾常发生在覆盖后卷帘机出现故障而维修时。电源线接点或开关等处因接触不良发热所引起的火灾，常发生在栽培者不注意用电安全，缺乏用电的常识，或滥接电线，形成短路，以致酿成火灾。电褥、电炉引起火灾，多半是忘记了切断电源而引起。违章用电的教训不仅仅是在栽培设施中有发生，在家居中也时有发生。

对于人为失火，应当由管理者加强责任心，严格遵守防火规章制度来防范，各单位及其负责人，应加强安全防火、安全用电教育。电焊火灾的防御，是在电焊前准备几桶水，并将焊点周围的草帘浇湿，焊后将焊接部位喷水降温，并用专人看管半小时左右。电源引起火灾的防御，要求栽培者在架线时一定在电工的指导下作业。对于电褥、电炉引起的火灾，只要认真细致地按说明书使用，就不难防止火灾的发生。

②肥　害　肥害现象，有来自土壤施肥和叶面喷肥两种。土壤施肥不当造成的肥害，有四种情况：一是肥料距根系太近，肥料没与土壤搅拌均匀；二是施用过量；三是有机肥没经发酵；四是覆盖期间地面撒施没有覆土。前三种情况造成根系伤害，也就是常说的烧根现象，后一种情况是肥料随着气温的升高而挥发，产生有害气体，对花、果、叶片造成危害。如地面撒施碳酸氢铵，尿素，干、湿鸡粪和牛、马粪等，在温度高

时都会释放出氨气和二氧化氮（亚硝酸气体），抑制甜樱桃树的呼吸作用和光合作用。其花芽和花朵受害严重时一碰即落。叶片受害严重时，边缘出现水渍状，严重时萎蔫脱落，随之果实也脱落。叶面喷肥不当造成的肥害有三种情况：一是稀释肥液时浓度计算错误，或不经称量而采取“几瓶盖、几把”式的懒汉稀释方法；二是滥加增效剂；三是花期滥用坐果剂、幼果期滥用膨大剂、着色剂和早熟剂等，造成不同程度的落果或叶片伤害。

防止肥害的关键是，有机肥必须经过发酵，腐熟后方可施用；施肥方法要恰当，不论是有机肥还是化肥，都必须挖沟施入，施入后与土拌和，并及时覆盖。生物菌肥也不例外，一定不要过量或不经搅拌就施入，要避免发生烧根。叶面肥稀释时，一定要使用称量用具。在花期和幼果期喷施激素类调节剂时，其使用浓度、时间和稀释量，一定要准确无误。千万不要在晴天的中午前后喷施叶面肥。

③药　害　药害，常因农药浓度过大，使用不经称量或计算错误，或多种药混合后发生化学反应，或加入增效助剂不当，或施用后高温不通风，而时有发生。

防止药害的发生，重要的是对症施药、适量对药。易发生化学反应的药剂，要单独喷施。喷药时要不断搅动药液，剩下的药液不要重复喷用，也不要倒在树盘中。增效助剂，如渗透剂、展着剂和增效剂等，也不要随便加入药液中。目前，有些农药在生产过程中已经加入了展着剂或渗透剂，使用农药时一定要阅读说明书，按说明书施药；或在购药时问清楚使用的方法。能用一种药剂防治的，就不要用两种或多种。有的果农认为使用一种药剂总觉不放心，将两三种药剂混配才可靠。这种担心是不必要的，这种做法也未必是完全正确的。其实，现在许多农药本身就是复混而成的。有时不分青红皂白地所混用的几种农药，都是同一种作用机理，混用就如同加大剂量，最终会引起药害。此外，配制波尔多液时，硫酸铜溶解不彻底，也易发生药害。还有，波尔多液与石硫合剂，或某些杀菌、杀虫剂交替喷施时，间隔时间太短，也易发生药害。还有用“ppm”表示药品或激素的使用浓度，计算困难，需在购药时打听明白。不然，使用浓度过大，也会发生药害。温室覆盖期间，用药浓度应适当降低，并加大通风量，以防止药害的产生。

④冷水害 冷水害，发生在温室覆盖期间的树体展叶以后。用室外池塘水、河水（称为冷水）直接大水漫灌，会使保护地甜樱桃树体受害。因为在冬季，池塘水或河水的水温常在0℃～2℃，而保护地内的土壤温度常在15℃以上，若用冷水灌溉，就抑制了根系的正常生理活动，使其处于暂时停止吸收和输导水分与养分的状态，导致地上部树体叶片发生失水现象，叶背向上翻，轻者暂时停止生长几日，重则停长十几日后才能恢复生机。这虽然对树体没有太大的伤害，但延迟果实成熟期，直接影响经济效益。

因此，温室覆盖期间的灌溉用水，最好是地下深井水。若用室外池塘水和河水灌溉，则需引至温室贮存升温后，才能灌溉；或用细长水管，引水在温室内慢慢循环后再行灌溉。水温达8℃以上，就不会出现冷水害。

⑤高温干燥危害 高温干燥危害，常发生在花期晴天的中午前后。在强光下，温度超过18℃，相对湿度低于30％，这对花器官的生长发育和授粉不利。特别是花期，往往正值春节期间，易忽视温、湿度的管理而形成这种危害。

所以，晴天时的上午9时至下午2时，管理者应做到人不离棚室，以便及时通风和向地面洒水，合理调节温、湿度。

⑥人身伤害 人身伤害，常因电动卷帘而引起，或在风雪大时作业人员到棚顶上调整草帘位置时发生摔伤，或在大棚失火时因救火而发生烧伤。电动卷帘伤害，是在卷帘作业时，在卷帘绳发生反卷的情况下，管理者没有停止电动机而调整卷帘绳时，将手或衣袖、衣襟等卷入卷杆中而造成人身伤害，轻者伤及筋骨，重则造成死亡。这种伤害触目惊心，本应引起高度警觉，但每年都有发生。

防止人身伤害的办法是，提高警惕性，关机排除故障。经济条件好的，可以使用卷帘机遥控器进行操作。在卷帘绳出现故障时，应立即切断电机电源，停止卷放帘作业，然后方可靠近卷帘杆，进行调整。在可能发生摔伤或烧伤，有生命危险时，宁可损失大棚，也不要伤及身体或危害生命。

人身伤害还包括煤烟中毒等。这种伤害常发生在夜间看护房中，由于看护房小，保温性差，因此门窗封闭较严，空气流动性差，屋内烧煤或其他燃料取暖时，所产生的毒气会使人中毒。更有甚者，在火炕烧热后将烟筒盖严保温，没有燃透的煤或柴禾，所产生的有毒气体在室内排不出去而使人体中毒，危及生命。这些灾害也都不容忽视，只要安设风斗，注意使空气流动，安全取暖，就完全可以避免。一定要克服麻痹大意和侥幸心理，以及怕麻烦、图省事的情绪，真正做到警钟长鸣，永保安全。

第十章　产品营销

甜樱桃果实属于产品，它需要通过流通渠道投入市场，转化为商品，提供给需求者并兑换成货币，才能产生经济效益。事实表明，采取正确的营销策略和有效促销措施，加快产品转为商品的进程，是提高甜樱桃生产效益的重要环节。因此，对于产品的营销，也要和生产管理一样同等重视。纵观甜樱桃市场供求现状和未来的发展趋势，应当花大气力，投入相当的人力、物力和财力，采取灵活机动、开拓创新的策略、把甜樱桃的营销工作做好，提高甜樱桃的栽培效益，推动甜樱桃的更大发展。

一、建立合作组织，创造规模效应

随着农业生产的发展和市场的日臻完善，农村各种合作组织已不断涌现和壮大，如合作社、协会等，在促进农业和农村经济发展中，发挥了积极的作用。

据了解，目前我国甜樱桃生产合作组织尚很薄弱，一是合作组织很少，二是作用不够大。为促进甜樱桃产业的发展，各主产区应从当地实际出发，积极发展"协会"、"合作社"等民间生产合作组织，在生产与销售等方面发挥组织协调作用。合作组织把一家一户的生产联合起来，使产区具有相当的生产规模和较高的产业化水平，成为甜樱桃果品生产基地。合作集成的规模效应可使产区更有影响力和竞争力，从而赢得更大的市场空间。合作组织在组织生产的同时，要通过调研、宣传和寻求商家等措施，增加销售渠道，拓宽需求市场，并争取建立更多的、长期稳定的供求网络。在此基础上，努力发展订单生产，使本地甜樱桃生产逐步走向按市场需求、有计划生产的发展道路。

二、建设营销队伍，发挥经纪人作用

一般地说，产业发展要依靠“两地”基本队伍，一支是生产管理者队伍，一支是市场营销者队伍，二者缺一不可，甜樱桃生产也不例外。但据调查，目前大多产区都认为只要有强有力的生产管理队伍，就能生产出规模的优质产品，生产就会有较好的经济效益。所以，对生产管理队伍建设都很重视，而对营销的重要性却缺乏认识，不注重营销队伍的建设，甚至觉得营销队伍是可有可无的。

在生产水平不断提高、产品日益丰富、市场经济日趋繁荣的形势下，这种忽视营销的理念，将会对产业发展造成多种不良影响。尽早走出这一认识误区，才能有利于甜樱桃产业的持续发展。

各主产区要向重视生产管理队伍建设那样，重视营销队伍的建设，努力建设一支专兼职的营销队伍，力求每村都有营销人员，最低每乡(镇)也要有一定数量的专职、兼职营销人员。专兼职营销的队伍应由那些思想活跃、市场经济意识较强、会经营、善开拓、综合素质较好的人员组成。

近年来，随着农村经济的发展，各地经纪人队伍在不断壮大，这是一支专业的营销队伍，在产销沟通、推动生产发展方面发挥了积极的作用。各主产区应在现有的基础上，进一步抓好产业经纪人队伍建设。重点产区每村都应有一定数量的经纪人，组成经纪人队伍。

要培养营销人才，发挥经纪人作用。在抓队伍建设的同时，要抓好人员培训，定期或不定期地开展各种培训班，开展综合素质、市场经济意识、政策水平、法制观念、动态信息、开拓能力和营销技能等方面有针对性的培训，使营销队伍更好适应产业发展的需要。

三、收集供求信息，搞好市场调研

当今已进入信息时代，信息在产业发展中的独特、不可替代的作用，已越来越明显。对相关信息掌握利用的水平，能左右产业的发展。

为使甜樱桃产品货畅其流，营销顺通，生产者应重视信息的收集、分析和利用。通过广播、电视、报刊、杂志、互联网络和会展等多种渠道，广泛收集产销信息资料，并进行梳理分析，为确定正确的营销策略、措施提供依据和参考。

此外，还要开展相关的调查研究。深入其他产区调查，摸清各产区可供应市场的果品数量、上市时间、品种的数量及质量等情况。对产区和一些市场空间大的(大、中城市)非产区市场的供求情况，如供货来源、渠道、数量、品种、质量、时间、销量和售价等，进行深入调查，获取产销、供求关系的第一手资料。

将以上两种信息情况认真加以整理，科学进行分析，就能得出产品供求情况的正确结论。根据这一结论，制定正确有效的营销策略、措施和方法。发挥本地区的优势，采用时空差等技巧，把产品销往市场空间大、售价高的地区。这样可以获取更大的经济效益。

四、加大宣传力度，展示自我优势

广泛宣传和展示自我优势，使外界更多了解产区的诸多相关优势，这是吸引商家、促进销售的有效手段。为此，甜樱桃产区应通过多种渠道，采取有效措施，加大宣传力度，展示自我优势。诸如，通过广播电视、报刊、网络等新闻媒介和信息载体，广泛宣传，使外界对本地樱桃生产及其他相关优势有更多的了解，以产区的各种魅力吸引八方来客。

充分利用多种会展进行宣传展示。通过参加农业博览会、农产品交易会、优质果品评选会等方式。力争在各种会展中占有一席之地，宣传自身的优势，扩大产区及产品的影响。

要举办多种相关活动，拓宽宣传渠道。可在果品盛产季节，举办樱桃采摘节、樱桃观光品尝会和名优果品展销会等，让更多的人身临其境，感悟产区的优势。他们会把目睹的盛况传向外界，这就拓宽了宣传渠道，加大了宣传力度。在宣传展示一般共性优势的同时，着力宣传自身独特的、他人少有的或不可比拟的优势。这种优势对用户产生更大的吸引力。

另外，在宣传产品自身优势（规模、品种、质量、售价等）的同时，还要尽力宣传其他相关优势条件，如贮藏运输，保护客商合法权益，实行多方优惠政策等。这样，可吸引客商到产区。既有大批量优质果品的供应，又有良好的服务和购销环境，无疑会产生很大的促销作用。

五、开展合作协作，拓宽销售渠道

与相关产业（部门、行业）开展有效的合作协作，也是一种成功营销策略。与旅游业(部门)协作,使规模较大的高标准甜樱桃园,成为一种新的旅游资源,成为游客进行农家游、生态游的目的地。把樱桃园作为旅游基地,可以为旅游增添新的内容,有助于提高旅游的水平和效益。樱桃园成为旅游景点,可以引来更多人了解本地生产优势,会产生促销的积极作用。这样樱桃产业与旅游业联手合作,会产生两业互动双赢的良好效果。

还可与贮藏加工业(部门)合作。通过了解、协商、建立长期的合作关系。把甜樱桃园建成贮藏加工的优质果品原料基地,按协议计划,按期保质保量地向这些产业提供果品;贮藏加工行业成为甜樱桃产品的稳定用户,确保产品按计划得以销售。这就使两种行业都得到了相关保障。这种互利的长期合作,一定会在甜樱桃产业(生产、贮藏、加工)发展中产生积极作用。

另外,也可以与经销行业(部门)合作。在调查研究的基础上,到市场空间大、购买力强的地区,寻找有实力、守信誉的商家(超市、大型果品店、星级酒店等)谋求供求合作。通过相互了解和有效协商,签订长期稳定的供求(销售)协议(合同),建立巩固的产供销链条。生产者按协议及时、保质、保量地提供商家所需果品,商家按协议购买。这样能够使商家有可靠的货源和及时供给;生产者可按协议有计划的安排生产。这将有助于促成生产发展、购销两旺的可喜局面。

六、打造品牌,争创名牌

在市场经济不断发展,竞争激烈的今天,品牌效应在日渐增强。正因为如此,各行各业都在致力打造自己的品牌,以便在激烈的竞争中立于不败之地。

甜樱桃生产也必须正视客观现实，借鉴其他行业的经验，从实际出发，充分发掘各种优势条件，打造品牌，实施品牌策略。在集中的优势产区，大力培植、打造各种果品品牌，力争每村都有自己的优势品牌，实现“一村一品”。在培养和打造品牌的基础上，在优势显著的地区（县、乡、村）抓典型，树榜样，精心培植，全力扶持，创造出一批有地方特色，有较强市场竞争力的名牌。

品牌和名牌产生后，产区的生产重心应放在品牌、名牌上，要尽全力抓好品牌、名牌产品生产，使这些产品生产规模不断扩大，质量不断提高，争取在最短的时间内，实现全部品牌、名牌化。无疑，品牌与名牌的产生和普及，必定显示出巨大的活力，推动甜樱桃栽培产生更高的效益。

主要参考文献

1　韩凤珠,赵岩,王家民主编．大樱桃保护地栽培技术．北京:金盾出版社,2003

2　韩凤珠,赵岩,王家民主编．图说大樱桃温室高效栽培关键技术．北京:金盾出版社,2006

3　史传铎,姜远茂编著．樱桃优质高产栽培新技术．北京:中国农业出版社,1988

4　张鹏编著．樱桃高产栽培．北京:金盾出版社,1993

5　谭秀荣主编．甜樱桃高效栽培新技术．沈阳:辽宁科学技术出版社,1999

6　王志强主编．甜樱桃优质高产及商品化生产技术．北京:中国农业科技出版社,2001

7　边卫东编著．大樱桃保护地栽培 100 问．北京:中国农业出版社,2001

8　孙玉刚等编著．大棚樱桃优质高效栽培新技术．济南:济南出版社,2002

9　万仁先,毕可华主编．现代大樱桃栽培．北京:中国农业科技出版社,1992

10　于绍夫编著．烟台大樱桃栽培．济南:山东科学技术出版社,1979

11　邱强编著．原色桃、李、梅、杏、樱桃病虫图谱．北京:中国科学技术出版社,1994

12　黄贞光,赵改荣等．入世后我国甜樱桃面临的机遇与挑战及发展对策．果树学报,2002,19(6)

13　谭秀荣,刘晓霞．浅谈我国甜樱桃的发展．北方果树,2003(3)

14　张毅,孙岩主编．樱桃推广新品种图谱．济南:山东科学技术出

版社,2002

15　潘凤荣等．大樱桃新品种简介．北方果树,1999(5)

16　于绍夫编著．大棚樱桃．北京:中国农业科技出版社,1999

17　赵改荣,黄贞光编著．大樱桃保护地栽培．郑州:中原农民出版社,2000

18　高东升,李宪利等编著．果树大棚温室栽培技术．北京:金盾出版社,1999

19　蒋锦标,吴国兴编著．果树反季节栽培技术指南．北京:中国农业出版社,2000

20　王克,赵文珊编著．果树病虫害及其防治．北京:中国林业出版社,1992

21　赵庆贺,庞震等编．山西省果树主要害虫及天敌图说．山西省农业区划委员会,1983

22　黄贞光,赵改荣等．我国甜樱桃产业总规模和区域布局的探讨．全国首届樱桃产业发展学术研讨会论文,2006